30年的准备 只为你

锡安妈妈
卓晓然 ◎著

商务印书馆
The Commercial Press
2012年·北京

图书在版编目(CIP)数据

30 年的准备,只为你/卓晓然著.—北京:商务印书馆,2012

ISBN 978-7-100-09205-0

Ⅰ.①3… Ⅱ.①卓… Ⅲ.①女性—人生哲学—通俗读物 Ⅳ.①B821-49

中国版本图书馆 CIP 数据核字(2012)第 102793 号

所有权利保留。
未经许可,不得以任何方式使用。

本书通过四川一览文化传播广告有限公司代理,
由台湾宝瓶文化事业有限公司授权
商务印书馆出版中文简体字版本。

30 年的准备,只为你
卓晓然 著

商 务 印 书 馆 出 版
(北京王府井大街36号 邮政编码100710)
商 务 印 书 馆 发 行
广 西 民 族 印 刷 包 装
集 团 有 限 公 司 印 刷
ISBN 978-7-100-09205-0

2012 年 8 月第 1 版　开本 880×1240　1/32
2012 年 8 月广西第一次印刷　印张 7¼
定价:25.00 元

◎ 知名博主动容推荐

知名博主动容推荐

◎遭逢苦难，历经沉重的破碎与剥夺，仍能优雅、亮丽地展现才华并深刻反思生命的，就是神恩典的见证。锡安妈妈自幼多才多艺，认识她时她高二，其才貌双全、意气风发的特质即如锥处囊中。几个重大的人生关口，她毅然做了抉择，包括在博客中剖白的书写，让人看见她如何从自我观照和澄清中成长，并勇敢地重新建构人生。

——欧秀慧，"泥窑中的Smile"版主

◎看她的文字，像在看电影。从银幕的这端看过去，她的文字恍如电影旁白，好似若无其事地喃喃对你细语，吐露着一些小事情：锡安的站，他走了十四步路，喜乐地拍手，以及，我自以为像呼吸一般理所当然的笑。每一件细琐之事虽属日常却极不容易，它摊开的同时，我们很轻易地就被带

30 年的准备，只为你

入一出仿如实境秀的电影剧情，然后发现，锡安的任何一件小事，都需要用拼斗的气力才挣得来。这些关乎生命无常、人情世故、事业亲情的故事，真实且用不同的形式上演并试炼着每一个人。于是，这端的我，屏息着，叹气着，拍手叫好着，或哭或笑，观看她与锡安一步一步缓缓走来的所有场景。当我离开银幕，我知道我看的不只是人生的戏，更是见证一份力量，关于希望与爱的力量。

——小麦，"小麦的世界"版主

◎好久没看到锡安，约了与锡安妈妈和锡安见面。只见一团欢乐向我冲来，是锡安！他扑到我身上，一个踉跄，我倒坐在椅子上，他开心地大笑大叫，我也笑了。他一口雪白的牙齿，戴着眼镜显得好斯文，他一直笑一直笑，我知道他之可以这么喜乐，原因无他——因为他有一个很棒的妈妈，保护着他，爱着他，等着他走第一步，等着他说第一句话，以无比的耐心与信心爱着他。我看着他，没有想到"癫痫""特教""迟缓"等字眼，只想到"爱""希望"及"勇气"，这是锡安教我的，也一再提醒我的。活着本就是恩典。

——狮子老师，"狮子老师的山居笔记"版主，著有《琴键上的教养课》《当孩子最好的启蒙导师》《喜欢——掌握孩子主动学习的秘密》

◎ 知名博主动容推荐

◎我常以为要完成优美的造句容易,但要书写深刻的生命不易;文章里要消费苦难不难,可是要陈述得有节制不易。对于家属日复一日的生活,阅读起来很快,但脑海中实际演练过一次,才发现每分每秒都是煎熬,要说出自己能够"感同身受"其实不切实际。可是我要谢谢晓然,因为她,我才看得到"锡安与我";因为有这样实实在在的挣扎,我才看得到瓦器里的宝贝是怎么样透过瓦器绽放出大能力的。

——Bechild,"Travel with Me"版主

◎还好那个站在九楼阳台上的女人没有往下跳,不然哪里来那么多动人的好文章?

我得承认,自己对育儿书籍或博客一向兴趣缺缺,但锡安妈妈的文字却让人上瘾。我在阅读的过程中跟着他们母子一起哭、一起笑、一起披荆斩棘,跨过人生的难关,然后突然意识到,这些"精彩"的故事,全是现实生活累积而成的字字血泪。

书里看不到埋怨自怜,锡安妈妈没有时间伤春悲秋,她麻烦长颈鹿玩具代她哀伤,因为做妈的得争取时间睡觉,隔天才有体力继续奋斗。书里不断出现的,是一个身处困境的凡人如何带着幽默感走过每一段逆风的道路,谁会想到要加精油到因暴雨而湿透的鞋子里,顺便泡脚?

如果你跟我一样,家里或生活周围没有罕病儿童,如同锡安妈妈笔下的"对病痛最糟的体验,是孩子高烧三天不退;对疲惫

3

30年的准备,只为你

最累的想象,是孩子整夜不睡又尿湿了整张床",那么你更应该阅读这本书。

你会惊讶生命的无情,更会赞叹一个母亲的勇气。

当然,不要怪我没有事先提醒,阅读时请自备一盒纸巾。

——下流美,"下流美的下流世界"版主

◎对于有正常孩子的妈妈来说,养儿育女是阶段性的任务,孩子振翅高飞的那一天,就此卸下责任,当孩子的拉拉队即可;对养育罕病儿的妈妈来说,扛着儿子走下去却是看不到终点的人生试炼。锡安妈妈忠实记录下儿子锡安与不知名病魔奋战的成长点滴,也书写罕病儿母亲的恐惧、悲愤、无奈与牺牲,以及,不断地替自己加油打气,展现在挫折里越走越坚强的人生态度。

如果写作是锡安妈妈的疗伤仪式,那么我们是最幸运的读者。透过锡安妈妈细腻的文字,无私地分享在医院与复健室里动容的病童故事,我心疼地哭了、感动地笑了,体会着不及锡安妈妈千分之一的辛劳与心痛,一次又一次地感谢生命的可贵,对人类有限的能力心怀谦卑,对苦难中的勇气、爱与幽默佩服得五体投地。这是一本充满正面能量的好书,推荐给在自己人生道路上寻找更多勇气的你和我。

——谢依伶,"纽约俏Mami"版主

目录 Contents

1		锡安教我的第一件事
7		三十一
11		长颈鹿，请代我悲伤
14		大雨大雨一直下
19		黑夜的必须
22		天使慢飞
30		谢谢你抱我
36		伤害处理
41		最后一分钟
46		卡片
51		勇气
57		永远的心肝
60		车灯·泛黄
65		应当高声歌唱
75		哥哥妈妈
81		盛夏
91		画线
95		变奏曲
102		在你身边
107		嘴角上扬的权利
112		十四

30年的准备，只为你

115　她的名字叫奇迹
121　五字诀
129　留下最后一支舞，给我
134　神啊！让我睡吧！
139　爆肝阶段
143　小小
149　天边一朵云
156　麦子
164　甜东西
168　笑
177　秒针
179　爱里，没有惧怕
184　人生试金石之"试"
189　人生试金石之"金"
197　人生试金石之"石"
203　妈妈，千千万万遍
208　站在九楼阳台上的女人

214　【后记一】我亲爱的宝贝
219　【后记二】待续

锡安教我的第一件事

医生,一个又一个的医生,坐在我对面摇着头,他们说可能的因素有很多,但确切的原因不明。其中一位更语重心长地劝我:"妈妈,不要再问为什么了!把精力省下来,带他去康复还比较有用。"

锡安教我的第一件事,不是初为人母的喜悦,而是无能。

我可以身处一个千夫所指的环境,省下多费唇舌的解释,不祈求别人的谅解或同情,忍耐他人的指指点点,继续跟那些误会我的人共事并生活。

我可以背着登山包,独自搭便宜的夜车在欧洲旅行。二等车厢脏乱阴暗,六人的坐铺里,我努力撑起沉重的眼皮不敢入睡,把行李紧紧抱在胸前,警惕地盯着对面五个高大微醺的男人。

我可以抱着丢掉饭碗的心态,硬着头皮向愤怒的老板承认整个失误都来自于我。不是因为崇高的道德与勇气,而是我没有力

1

30 年的准备，只为你

气去编织更多的谎言，长期欺骗是极大的压力和折磨，长痛不如短痛，短痛是种解脱。诚实如同用力撕下皮肤上黏腻的"创可贴"，既然要痛，就猛然痛一次。

我不喜欢崩溃和逃避。为什么？崩溃不会让事情变得更好，逃避之后现实依然存在，倒不如咬牙撑过去。好的坏的，一切都会过去。

我可以做很多事，忍受很多情绪，可是才当母亲的第一天，我却没办法在孩子饥饿时挤出一滴奶。半夜三点，我起床喂母乳，拖着巨石般千斤重、疼痛不堪的上围，走在医院的长廊，每一步都是这么沉重与疼痛，我走不快，忧心着孩子就要饿坏了，而我大概已经挫败到要得产后忧郁症了。

我可以提供解答。我不懂的，只要你给我一点时间，我一定用尽方法找出答案。但我没办法从医生口中知道孩子的病因到底是什么。孩子患有癫痫、发育迟缓，脑叶还有个缺口，为什么？他不能被归类于任何症候群，为什么？我怀孕时是否做错什么、吃错什么？

医生，一个又一个的医生，坐在我对面摇着头，他们说可能的因素有很多，但确切的原因不明。其中一位更语重心长地劝我："妈妈，不要再问为什么了！把精力省下来，带他去康复还比较有用。"

◎ 锡安教我的第一件事

我曾经约略知晓面对生命、死亡和浩瀚的宇宙时，人类的渺小与有限，但我总以为那是年老的经历，或者是一些自作聪明的科学家试探老天而得到的无奈结论。我没料到自己这么快就碰到极限，体验无能的滋味。

我可以试着认命，宣告自己生自己养，陪儿子长大是天降大任于斯人。情操如此高尚，但我却没办法平心静气地，为他磨一包药。

每次到大医院拿药或换药，我都祈祷着这次不是锭剂，而是滴剂或药水，可惜期望总是落空。磨碎一颗药丸也就算了，麻烦的是，锭剂必须分成两等份甚至三等份服用。领药时，我问药剂师为什么不能帮我把药磨碎。

"医院倡导不磨药，因为怕会导致药物互相污染，家长可以买磨药器回家自己切、自己磨。"她回答。

"如果分得不均匀怎么办？"我很无助。

"不然你去问诊所愿不愿意帮你，他们都有磨药机。"

没有一家诊所愿意帮忙。因为癫痫药和诊所平常开的感冒药完全不同，药物不能相混，这个简单的道理我明了，所以只好自己来。磨药的器具从业余的铁汤匙、医院附送的捣药器，到现在诊所使用的陶瓷钵，我一次比一次专业。把锭剂敲碎，大一点的需要先分半再碾压；然后捣药，先由上往下捣，差不多散成颗粒状后，再以绕圆圈般搅拌的方式磨成粉。若是遇到包裹糖衣或外膜的药丸，得仔细地把磨不碎的部分挑起来。

我常常一鼓作气地把整个月的药量全部磨完。磨药时连大气都不敢喘一下，生怕粉末扬飞，不仅浪费心血，更担心剂量不均会带给孩子不良的影响。一个月的药量就只有三十颗，任何一颗药都不能因为我的捣药不精而糟蹋。磨药不仅令我手臂酸痛，更是精神折磨。第一次喂孩子吃药是我人生最大的挣扎，因为一旦决定让他吃药，就不可任意停止，要服用几年后才能评估停药的可能。想到药的副作用，我双手抖个不停，边流泪边用汤匙撑开他的嘴巴。

我可以厚着脸皮拜托人，赖着不走装可怜，可是我没有办法让孩子不哭。我求他、喊他、安慰他，可是我不懂他要什么。即使我抱着他，轻声细语告诉他"妈妈在这里"，他仍旧哭。我是他的母亲，我愿意给他我的所有，可是我不能确定他需要的就是我。更不敢确定，我在，对他能有什么帮助？

我像是沉陷于泥沼，又似耽溺于深水。眼泪流干，愤怒用完，我惊觉自己早已失去控制的能力，才明白原本一切就从不在我的掌握中。我有很多力气，但我不知道往何处施力，挥拳只是打空气；我有很多爱，但我不知道该怎么爱才能让对方接受。我的能力等于没有能力，我扑倒在

◎ 锡安教我的第一件事

地,缺乏往前的动力。如果有人可以告诉我该怎么做,我一定会竭尽生命去实行,但是没有,没有前人走过的步伐,没有经验累积的手册。为了儿子,我必须自己站起来,暗中摸索,从零开始辟出一条路来。

每天三次喂药,就是三场天轰地动的嚎哭。但我没有选择,该吃药的时候,就算儿子仍沉醉梦乡,我也得把他唤醒。两个月大的孩子得吞三或四种药,他却聪明到张口含着,故意让药随着越来越高涨的唾液流出来。我只好拿小汤匙往他的舌后压,用催吐反射的方式,即使冒着呛到的危险,也要逼他把药吞下去。

他气得大哭,我哽咽地直说"对不起"。但是没过一会儿,他睁大眼睛望着我,专注地向我"呜呜"叫,用力到脸都红了,似乎忘了苦药亲尝的上一刻。

儿子前阵子住院,夜里总是哀哀地哭,像小媳妇被欺负后,委屈地躲在角落哭。过了几天,隔壁床的小朋友忍不住告诉护士:"阿姨,房间里有一只小狗,晚上一直'呜呜呜'!"

换点滴的时候,护士笑着跟我转述,锡安被隔壁的小姐姐当作一只小狗耶!

"狗狗,你在唱歌给妈妈听吗?"抱着儿子,我也"呜呜"回应,他高兴地挥手踢脚再回以"呜呜",我们一来一往,整个家充满了"呜呜"的音调。贴着他笑开的脸颊,柔软却脆弱,稚嫩而饱满,我微笑了。到了而立之年,我终于明白,我所拥有的

5

30年的准备,只为你

很短暂,追求的极有限,能力转瞬即逝。在儿子身上,我看见无能却有能的生命。就让我像个小孩吧!忘记以往的得胜或失败,没有拐弯抹角,单纯又喜乐地面对下一个未知的时刻。

◎ 三十一

三十一

这一年,抵过三十年。而我前三十年的装备和训练、经验和体会,全为了拖着自己爬过这一年。

亲爱的大头宝,今天,妈妈三十一岁。

妈妈将满三十岁的那一年,你正式在我的生命中"出头"。育婴室外,夹杂在人群中的外公外婆一眼就认出你,他们惊喜地发现,外孙的头型居然和三十年前女儿出生时一模一样!从此,你顶着一颗大大圆圆的头,与我共同经历生活中的喜怒哀乐,也成为我多半时候的喜怒哀乐。就这样,你陪我迈向人生的第三十一年。

三十岁生日那天,妈妈写不出什么祝贺、勉励自己的话,连生日蛋糕都没买,蜡烛更不必吹,我多半以忧度日、以泪洗面。

30年的准备，只为你

不知道延续生命、初为人母的过程，对我们母子俩来说，为什么这么难？你是这么挣扎着长大，我是这么铁面地坚持，坚持喂药和康复，坚持执行那些不一定有效的治疗步骤。狠下心，看着你承受药物的副作用，哭泣、疲惫；转开眼，不去看你每一次发作，不去信你这一生只能这样。

你的出现让妈妈彻底明白，生命本身是何等可贵，甚于成就，甚于爱情，甚于世上的万国和万国的荣耀。我曾经年少轻狂，以为自己可以痛、可以爱、可以追求学业或事业，就要恣意并用力地燃烧自己。搁置情感，挥霍体力，生命更可以容我自由运用直到殆竭。

一年过去，妈妈走向三十一岁，你一个小小的人儿，逼我面对三十年来从未学过的功课。我领悟，再不完美的生命，也有生存的权利。我不敢去想你能不能出类拔萃，只想着你要如何健康长大。就算生活再不理想，也该竭力奋斗，我没有自暴自弃的奢侈，不带着你拼上去，永远不知道结果如何。

这一年，抵过三十年。而我前三十年的装备和训练、经验和体会，全为了拖着自己爬过这一年。

今天，妈妈来到三十一岁。想起有位诗人曾这么感慨人的一生：

◎ 三十一

我们度尽的年岁，好像一声叹息。
我们一生的年日是七十岁，若是强壮，可以到八十岁；
但其中所矜夸的，不过是劳苦愁烦，转眼成空，我们便如飞而去……

我们走过的日子，竟如同叹息那么短、那样烟消云散。所以他接着祈祷：

求你照着你使我们受苦的日子，照着我们遭难的年岁，叫我们喜乐。
求你指教我们怎样数算自己的日子，好叫我们得着智慧的心。

如果妈妈可以活到七十，三十一岁已将近人生的一半。有颗智慧的心面对或好或坏的境遇，警醒地数算日子，不虚度光阴，那将是妈妈梦寐以求的礼物。我祈祷，这些受苦的日子和遭难的年岁，对我们不是绊跌，而是成全，使我们在患难中，依旧怀着盼望与喜悦；使我们经过的苦难，有一天能够成为他人的安慰。

闭上眼睛，真不知道你三十一岁时是什么模样？希望头可以稍微缩小一点点，跟身材成比例，免得跟妈妈一样从小被叫"大头"啊！当你吹熄三十一岁的蜡烛时，妈妈已经六十一岁了。将

30年的准备，只为你

来如何，还未显明，如果那时因缘际会地不能与你度过，妈妈先跟你说声"生日快乐"和"谢谢"。谢谢你忍耐每一场康复、吞下每一口苦药，是你的努力激励我不可以放弃。若是没有你，我仍汲营庸碌，不可能知晓生命的价值，不可能拥有如此丰盛、欢笑与泪水交织的三十一岁。

◎ 长颈鹿，请代我悲伤

长颈鹿，请代我悲伤

我把长颈鹿摆好，让它站在锡安的枕头上。顿时鼻子、眼睛、心底，都像浸泡在百分百现榨柠檬汁里，酸得不能再酸。

锡安的状况突然急速恶化。从他八个月起，他就能够挺胸坐正，然而现在，把他摆在沙发上，他东倒西歪，完全无法支撑自己，像是被抽掉了脊椎。不仅如此，他没有反应，怎么逗都挑不起他的兴趣，不拿他心爱的玩具，甚至不愿正视我。他拒绝进食，平日看见奶瓶就伸手要抓，现在连他最爱的果汁摆在面前，也不肯开口尝。

没有发烧，没有外伤，一切都发生在他体内，在我看不见的皮肤底下。儿子像是个石头宝宝，呆呆的。到底是癫痫发作导致他功能尽失，还是换新药的副作用所致？挂急诊、住院观察是必

30年的准备，只为你

然的，医生找不出病因，锡安必须接受一连串检查。

十一个月来，这已经是儿子第四次住院，我也呆呆的，机械化地做我该做的事，通知该通知的人。拿起黑色行李袋，这个袋子原是我为自己住院生产预备的，但自从锡安出生，这袋子非但没有功成身退，反而造访过更多次医院。每次把锡安从医院带回家，我都跟自己说，赶快把袋子收起来。可惜每当我想起它，就是它又要出场的时候了。

我拿了换洗衣物、尿布、奶粉、奶瓶……袋子很快就满了，我再硬塞进几个锡安平日最喜欢的动物布球和彩色星星，虽然知道他目前没有反应，根本不需要带玩具，却还是不死心。我取消儿子的康复课，跟老师稍微交代了原因，没有说太多的话，也没有太多感觉，因为没有时间或力气浪费在情绪里。我讶异自己的平静，不知道是比较老练，还是已经麻木了？

在医院陪伴锡安一整天，医生加重药量，但他还是没有反应。药物唯一做的，只是让他从放空发呆进而沉沉睡去。也好，我想，反正眼睛打开也是白搭，天花板和日光灯又没什么好看的，倒不如让他闭目养神吧！

由家人在医院里陪孩子过夜，我凌晨开车回家，洗衣服、做家务。两点多要睡觉了，我拍拍枕头躺下，用脚把卷成一团的棉被踢开。这几天起床都来不及叠棉被，眼睛

◎ 长颈鹿，请代我悲伤

一睁开就冲到医院换班。

突然间，双脚踏到一坨毛茸茸的东西，我吓得坐起来，睡意全消。打开灯，把被子掀开，原来是锡安睡觉必抱的迷你长颈鹿！他总爱把软软的毛贴在自己肥嘟嘟的脸上，磨来蹭去，搞得长颈鹿都快脱皮了。睡醒了，如果老妈还在梦周公，来不及招呼他，体贴的儿子会安安静静地咬着长颈鹿的尾巴，不仅磨牙更可消磨时光。老妈惊醒时，总看到儿子津津有味地边流口水边啃毛，急忙把长颈鹿从他的"水"盆大口中救出来。

长颈鹿的肚脐还有个钮，一按下，它就会发出"咚咚"鼓声，充满非洲大草原的原始和狂野。锡安每次听了，都会耐心地等鼓声结束，随后开心尖叫个三五声，有如部落酋长的盛大出场，具有吆喝族人的领导风范。

我把长颈鹿摆好，让它站在锡安的枕头上。顿时鼻子、眼睛、心底，都像浸泡在百分百现榨柠檬汁里，酸得不能再酸。感觉柠檬汁就要从我眼眶中漫溢出来，我才明白自己没那么镇定。我深呼吸，不能继续酸下去，明天还得一早到医院换班，得争取时间睡觉。

关了灯，望着长颈鹿在黑暗中隐隐约约的轮廓。长颈鹿，这儿天你是不是闲得发慌呢？如果你有空，就请你代我悲伤吧！

30 年的准备，只为你

大雨大雨一直下

> 奇怪，椅子怎么会出水啊？原来全身上下的衣裤早已湿透，我一旦坐下，往椅背靠，从里到外的衣服全部合而为一，还能拧出水来。

我真的不想出门。

站在窗前，我望着倾盆大雨，心中挣扎着要不要带锡安去医院。我开车，从家里出发到医院不至于淋雨。但是医院没有地下停车场，从室外停车场推婴儿车走到医院，一路上完全没有遮雨棚或骑楼，连树荫都没有。以此刻的雨势判断，成为落汤鸡的可能性极高。

可是，又不能不去。下午有回诊和康复课。医生就要出国开会，今天不赴诊，便得再等一个月。好不容易排到康复课，没有正当理由，只是因为下雨就请假，好像有点

◎ 大雨大雨一直下

说不过去。

所以我还是出门了。雨刷得开到最大，才勉强可以看到路况。广播电台正嘱咐司机们小心，道路能见度近乎零。前头白茫茫的雾气，车顶滴滴答答的雨声，台风来了。停红灯时，我转头看锡安，果然不出所料，公子已经睡着啦！这种凉凉的天气，正是睡觉的最佳时机。

把车停好，我扣紧外套，戴上鸭舌帽。天发疯似的哭泣，雨势之大，我像是站在瀑布下。要搬婴儿车，又要抱锡安下车，我没办法撑伞；等到把儿子安顿好，婴儿车也套上塑料遮雨罩，我露在鸭舌帽后的马尾已经全湿了。我一手推车，一手撑伞，手忙脚乱，锡安躺在婴儿车里又继续睡！此时，呜咽的天又哀喘了一口气，娇弱的雨伞在狂风中瞬间开花，提醒我一伞二用，不仅可以遮雨，更可以用来做电视天线。

算了，淋就淋吧！我收伞，加快脚步，只是人在倒霉的时候，脚步再怎么快，还是会被三十秒红灯停住。

没有地方可以避雨，我站在暴雨中等绿灯。不到十秒，水已经从领子渗进脖子。雨从四面八方打过来，分不清到底是水直接喷进鞋里，还是我自己踩在水洼里。我莫名其妙地想着，如果现在可以加点精油在鞋子里，就能顺便泡脚了。

一进康复室，老师看到我便惊呼："哇！妈妈你全湿了！"我踏过的地板上都有鞋印，脱了鞋进教室则留下脚印，总之走过

15

30年的准备，只为你

必留下痕迹。遮雨罩拆下来，锡安仍旧沉沉睡着，干爽安好的模样，跟他老妈全身滴水的散乱造型成强烈对比。

我把锡安抱下车，他才大梦初醒。老师再次惊呼："哇！弟弟！你妈都这个样子了，你还在睡啊？你知不知道外面下大雨啊？"

康复课上了一个小时，之后等门诊再一个半小时，我还没干透又不算全湿，全身半湿半干，黏糊糊的极不畅快。等到缴费、领药一切完成，雨居然还没停。好！我心中大喊，咱们再来一次！

一路上推着车要避开水洼，还得躲避车子飞驰溅起的水花，我的黏糊糊又成了湿淋淋。终于抵达停车场，不知哪位技术高超的人士，随便把车插进格子里，只留下纸片人可以穿越的缝隙。我只好把所有家当，包括儿子留在不远处，侧身钻进车与车之间，缝隙小到我的外套不得不帮对方擦车！

好不容易把自己挤上车，我先把车开出来一点点，再一一上货：锡安、婴儿车、塑料雨罩和已经湿到滴水的包包。康复课太累，等看诊太久，锡安又睡着了。我小心翼翼地把他从婴儿车里捧起来，雨落在他额头上，公子皱了皱眉头，睡眼惺忪地睁开眼睛，看见滂沱大雨下狼狈的妈妈，决定闭上眼睛，还是梦乡比较美好。

◎ 大雨大雨一直下

当我总算坐进车里,奇怪,椅子怎么会出水啊?原来全身上下的衣裤早已湿透,我一旦坐下,往椅背靠,从里到外的衣服全部合而为一,还能拧出水来。也好,回家可以不用一件件脱了。

我不是第一次遇到这种状况,这,应该也不会是最后一次。每次我都在心里喊着:"我可以的!如果我当得了锡安的妈妈,什么都难不倒我!"是无聊的自言自语也好,八股的激励式喊话也罢,这是我的方法。因为我不想自怜,不想放弃,不想埋怨。雨不会停,红灯看到我就是会亮;风不减弱,有人就是会把车这样停。

我不能改变降临到身上的事,说改变自己也太虚无缥缈,我还是有软弱的时候,谁能永远刚强?可是在那一刻,那个我决定甩开哀怨起而奋斗的瞬间,我必须这样唤醒不想面对现实的自己。像练举重时,用力举起哑铃的那声大吼,如此我才有力气,把一直下沉的自己拉起来。

如果你遇见可怕的疾病、难缠的客户、刁难的上司,或做不完也不愿意做的工作、报告,或陷在任何你没有办法改变的环境里,你可以给自己一分钟去感觉灰心、害怕甚至沉到谷底。一分钟之后,深吸一口气,向那个消极畏缩的自己怒吼叫嚣:"如果我过得了这关,就过得了下一关!我会更坚强!我是征服者!是得胜者!"

下次你看到一位母亲推着婴儿车,在大雨中没撑伞,面如坚

17

30年的准备，只为你

石地往前走，口里还喃喃自语，嗯，那不一定是我。但，假使那位母亲符合以上所有的描述，狂风暴雨中，婴儿车里那个白白胖胖的壮丁还能呼呼大睡，那很有可能是锡安和他的妈妈啊！

◎ 黑夜的必须

黑夜的必须

> 我不再告诉自己不可以哭，只要痛哭之后还能重拾欢笑，那就不过是一段黑夜的必须，就像我不能没有白昼一样。

刚陪锡安去康复时，令我却步的，不是那些高难度的矫正器具，而是哭声。

孩子都会哭，有什么大不了？但谁曾听过愤怒的哭、痛苦的嚎、咬牙的呻吟和哀怨的啜泣四部合唱的音调？

哭还会传染。有一次锡安正开心地做动作，突然隔壁的小女孩哭了起来，锡安转头瞪着她，再回过头满眼怀疑地看着我，没过三秒也就跟着瘪嘴。听到锡安的哭声，教室一角另一个孩子似乎受到鼓舞，马上也跟着大哭。周围众童皆哭的音浪，直冲头顶刺眼的日光灯。即使墙上色彩鲜艳的图案试着营造非医院的气

19

30年的准备，只为你

氛；即使康复师尽量保持欢乐的语气，鼓励又请求，"忍耐喔！再做一次就可以回家了"，也仍旧按捺不下那股哀潮。

对孩子而言，康复室不仅是医院而已，它像是半吊子的少林寺，被强逼练武，但不保证练得成，师傅们不敢判定你何时可以出师下山。又像非正式的禁闭室，你被绑在仪器上动弹不得，有人在身边不断鼓励你："再有十分钟就结束了。"也有人以另类的方式激励你："这个动作已经练这么久了，还哭！"

即使如此，锡安这种年纪的宝宝，根本听不懂安慰或教训，只会继续放声大哭。听得懂的孩子，或许因为累，因为做不到老师预期的动作，又被父母念叨；更或许，他们只是不愿意做却不敢表达，于是咬牙切齿，难过地呻吟着。

然而那种呻吟，比哭叫更令人难以忍受。我倒是宁愿他们哭出来，再高的分贝也好。做不到，为什么不能伤心？痛，为什么要忍耐？觉得失败，为什么不能宣泄？如果连哭的权利都没有，那我们还剩下什么？

尽管如此，我仍必须拉开锡安才三岁却有如六十岁老人打结的筋；穿上金属支架，单薄的肩膀用力撑起胸架、脚架，只为了撑起软趴趴的双脚和拒绝挺直的脊椎。康复

◎ 黑夜的必须

师说:"现在不努力,将来会哭得更惨!现在哭有什么用?把力气留下来练习才对!"

我想捂住锡安的耳朵,不让他听见那些哀哀的挫败的哭声。我告诉自己,儿子还有机会,每个孩子都还有机会!可我不知道,有机会健康地长大、奔跑跳跃,是不是我的一相情愿?

我希望,所有的辛劳总该有个尽头、有点报酬。若是一辈子都没有,那就哭吧!如果可以好过一点,如果可以尽情发泄,那么谁也不能阻止我们哭。只要不自我放弃,不弃械投降,哭完之后,再起来做下一个动作,让我们不厌弃哭泣,就像众人都喜欢大笑一样。有哭有笑,有白昼也有黑夜,万物如此生长,我们也是这样。

于是每次锡安哭了,我会把他抱在怀中,亲亲他、哄哄他,等他哭完再继续,再也不说"不要哭"。于是,我不再告诉自己不可以哭,眼泪不会拖垮人,它们只是需要离开我的眼睛。只要痛哭之后还能重拾欢笑,那就不过是一段黑夜的必须,就像我不能没有白昼一样。

30年的准备，只为你

天使慢飞

儿子一脸倦容，却还是给了老妈一个满满的、露出四颗小门牙的笑。我突然流下眼泪。

写下一首词，完成后拿给从事音乐制作的妹妹过目。看完之后，她眼睛红红地问："你在写锡安吗？"

"很明显吗？"我有点不好意思。

"对啊！我看到第一段就哭了，好难过。"

我不希望作品很煽情，所以把词搁在一边，想着让时间淡化情绪后，再用较为冷静的语气改写它。这一放，就放了一年多。

第一次提笔，是刚开始陪锡安进入早疗体系时。我带着儿子参加各式各样的讲座。针对发育迟缓的，就叫

◎ 天使慢飞

"慢飞天使"座谈会；癫痫变名为"闪电侠"（癫痫起因于脑部异常放电）；鱼鳞癣红皮症叫做"红孩儿"（长期脱皮，全身发红）；分解性水泡症叫做"泡泡龙"（皮肤不断起水泡而溃烂），等等。大家用这些卡通代号试图减轻病名带来的刺眼。

越去康复室，见证辛苦的孩子和匪夷所思的疾病，我发现自己反而越难抽离。时间并不会淡化情绪，只是因为习惯了眼前的画面，我渐渐知道如何隐藏自己的情感。

我记得，起初最担心在康复室碰到那个"抖个不停的女孩"。她约略十二三岁，两手一边一支铁拐杖，穿着《阿甘正传》里从脚一路延伸到大腿的矫正鞋，背上套着矫正架。女孩从脖子以下至脚底全被金属包围，双脚抖个不停地学走路。

医院的空间狭长，我很怕推着婴儿车在擦肩而过时会撞到女孩。再加上她抖得厉害，金属摩擦，嘎吱作响，走路歪歪扭扭，随时可能跌倒。我到后来都停下脚步，等她走过才继续往前。

女孩的妈妈随侍在旁却不伸手扶她，只跟着孩子慢慢移动。唯有在女孩抖到身体侧弯快跌倒了，她才紧紧抱住女儿，轻声说："稳住！自己要稳住！"

女孩边抖边喘边回答："妈妈，我有啊……"

我会刻意避开那些只是来逛逛康复室的阿姨、姑婆和亲友们。从她们的鞋就可以辨别她们的身份，因为跟着孩子跪在地上做练习的，不会穿漂亮或体面一点的鞋来，更不可能穿高跟鞋。

23

30 年的准备，只为你

进康复室，大人、小孩都得脱鞋，连老师们都只穿拖鞋。大大小小的鞋子全堆在门口，不免被人践踏、被婴儿车辗过。穿好鞋的人，不是没有陪小孩康复的经验，就是纯为访客。

这些好心、偶尔好奇的访客，喜爱睁大眼睛东张西望。即使坐在我们身边，我也尽量回避她们的目光，不让任何攀谈的机会发生。因为有太多次，婆婆、妈妈们会看着锡安说："好可爱！几岁了？"不出五句话，下一句就要问："他为什么需要康复？"

刚开始我还一五一十地回答，直到那天居然有人接话："啊？你儿子到底是生什么病？看起来还不错啊！怎么这么大了还不会走？"某位头发染得红红的时髦阿婆正在等媳妇和孙子下课，看着我蹲在地上帮锡安穿矫正鞋，硬是要聊个几句。

我顿时觉得万箭穿心，只能无奈地回应："会走就不用来康复了！"我不愿说出口的是："请问你孙子得的又是什么病呢？他为什么也要来康复？"

在大庭广众之下教训孩子的家长，也令人避之唯恐不及。我可以体会不停念叨的父母，因为自己很多时候也一样，又跪又蹲地陪公子，要是他不配合，我累了也会责备几句。但有些父母无视旁人在场就大声谩骂，胆小的锡安

◎ 天使慢飞

常被突然爆发的高分贝吓到，我赶紧把他带开。心想，噪音干扰也就罢了，难道你不担心自己的孩子自尊受伤吗？

所以每当我看到"忧郁男孩"的爸爸，心里都会暖暖的。"忧郁男孩"总是躺着，吊高双脚练习脚力。他长手长脚，却都是由爸爸背上背下。如果他能够正常站立行走，我目测，他的身高已经快到爸爸的肩膀了。

男孩的双脚被吊在器材上，细细软软的，不结实。他必须自己用力，尽量将双脚往上举，与身体形成九十度，那是康复师的要求。他常常是举到四十五度就没力气了，脚似乎不是他的，拒绝听他的指挥，再怎么用力，双脚也只给点面子，稍微抬高一点点又随即垮下来。

男孩总是一脸忧郁，哀哀地哭，哀求着："爸爸，我不行；爸爸，我脚痛；爸爸，我好累……"

爸爸也总是耐心回答："没关系，再一下就好了；没关系，再举高一点点就好了；没关系，我们快回家了……"他边说，还边按摩着男孩的双腿。

我从来没见过男孩的妈妈陪他康复，也从来不知道一位父亲可以这么温柔。

等到我再想起这首短短的词，是在遇见"红孩儿妹妹"的午后。刚下课，我正在替儿子解开矫正鞋。"来，看老师这里，笑一下嘛！"熟悉的声音让我转过头去。那是锡安的实习老师，正

25

30年的准备，只为你

在为某个学生拍照。

实习老师有着甜甜的笑容、傻大姐般随和的个性。每次看到锡安总说："好想咬你一口喔！弟弟不要睡觉啰！我们来运动！"几个月的实习期间，锡安是她的研究对象，我与她配合得很愉快。

我看见一个仿佛被火文身的小女孩，不是皮肤而是真皮层显露于外。整张脸红彤彤的，眉毛稀疏；脸皮肿得太厉害，仿佛戴着一副红色面具。只有那双眼睛，黑黑亮亮的很有精神，眼中光彩一闪即逝。

她不笑，实习老师继续鼓励她："笑嘛！你笑起来很漂亮喔！"其他的实习老师也一起唱和："妹妹笑起来很可爱喔！"

女孩终于勉强拉开嘴角，怯怯的，皮笑肉不笑。相机"喀嚓"一声，捕捉下那连哄带骗、难能可贵的一刻。

实习老师经过我们，认出锡安来，蹲下来跟他玩。我问："那个妹妹也是你的学生吗？"

"是啊！"她边答边躲锡安，因为他胖胖的手正要去抓她鼻梁上的眼镜。

"她是颜面烧伤吗？"我心疼地问。

"不是，那是鱼鳞癣。她全身都这样红红的，因为一直在脱皮。"

◎ 天使慢飞

我听医院的讲座提过鱼鳞癣。患者脱皮的速度太快，正常的皮肤来不及长出来，以致全身体无完肤。我又问："照相，是为了心理建设吗？"

"不是啦！我实习结束前，想要把学生都照下来做纪念而已。我可以照锡安吗？"她逗着锡安玩。

我知道自己有点多事，可还是忍不住要说："她好像不喜欢照相吧？"

"不会啊！她到后来有笑啊！她才六岁，应该不会想这么多。"实习老师一脸"妈妈你太多虑"的表情。

不愧是"傻大姐"，她没有恶意，只是神经粗了一点。二十岁出头的年轻女孩，披上白袍，前途光明美好，她怎么看得出女孩的勉强和无奈？我不再说话，让她为锡安照了一张相。

离开医院，推着婴儿车往停车场的路上，我一直想着女孩的笑容。我记得自己六岁的时候，一定要妈妈帮我绑好辫子才出门。六岁的时候，我最喜欢那双前面有蝴蝶结的粉红鞋子。我忘记许许多多六岁的事，但我记得，六岁的我知道美是什么。

六十秒的红灯，落叶在风中狂舞。我弯腰帮婴儿车里的锡安盖好被子。做完整整一小时的康复课程，他累到摊平在车上，想睡觉的眼睛眯成一条细细的线。看到我把头探进婴儿车里，他开心地咧嘴笑了。

儿子一脸倦容，却还是给了老妈一个满满的、露出四颗小门

30 年的准备，只为你

牙的笑。我突然流下眼泪。

绿灯亮了，我推着婴儿车快步往前，不晓得自己在哭什么。每天往返于太多他人和自己的悲伤，原以为心早就麻木了，谁知道累积在胸口的郁闷仍就这么不受控制地宣泄出来。

还好那天风大，我脚步又快。泪，一下子就干了。

天使，你慢慢飞
头不回，飞过黑夜的旷野
不去管，逆风往前的艰辛

天使，你慢慢飞
这一路，是不是有点漫长
往天堂，那个遥远的方向
我看你一脸辛苦的模样
想劝你休息一下

你对我笑，安慰我不舍的心房
弯弯的眉，舒缓我疼惜的眼光
即使前头的路总是令人失望
你慢慢飞，费劲又吃力

◎ 天使慢飞

因为相信那遥不可及的梦想

天使，你慢慢飞
一切苦难总该有报偿

天使，你不用慌
我会一直陪在你身旁

即使我明白
人间或许不是我们欢乐的所在
也没有人保证我们一定到天上

但是天使，你知道吗？
你就是我的天堂
有你，这世间就是最美的地方

30年的准备，只为你

谢谢你抱我

> 如果可以，我想要紧紧抱着他，可是男孩的身体很单薄，我不敢太用力。

我在电视上看过这对母子。

那阵子，肠病毒引起的并发症令人胆战心惊，电视新闻推出许多专题报道，访问病童及家属。儿子锡安不到两岁，属于高危人群。家有幼儿的我密切注意新闻，却不经意看到熟悉的场景。再看一次，这不就是我们每天去的康复室吗？我心中一惊。

肠病毒的初期症状跟感冒很类似。访谈中，妈妈表示当时没听过肠病毒这种病，以为儿子只是得了重感冒，吃点退烧药就没事了。没想到病毒一发威，直攻脑神经，进

◎ 谢谢你抱我

而伤及脑干，发现是肠病毒时已经太迟了。一场病下来，原本活蹦乱跳的男孩再也站不稳，不停聒噪的小嘴巴如今连"妈妈"的发音都念不准。

一切归零，一切从头学起。除了某些残余的能力，老天爷好像在他的脑中按了"关机"键，男孩什么都不会了。

那天康复师换了锡安的教室。一进教室，我就认出这对母子。因为我记得在电视里，妈妈那双亮亮的、很有精神的眼睛。男孩圆圆的双眼也跟妈妈一样，只是重度弱视的镜片将瞳孔放大到无精打采。

他站在类似跷跷板的矫正器上，两脚打开慢慢地左右摇晃，训练平衡感。妈妈拿着一支长竹竿打拍子，边拍地板边数着儿子总共晃了几下。偶尔男孩快要站不住，膝盖渐渐弯曲想坐下时，妈妈会轻轻用竹竿触碰他的膝盖窝："儿子，你快倒啰！"男孩弯弯的膝盖会慢慢挺直，他张开双臂，平衡自己一会儿，再开始"一、二、三、四"，用双脚施力，左右摇晃起来。

接连好几次，我们都在同样的教室上课。康复师带着锡安与我，在一个角落做运动。大概是课程中间的自习空档，男孩与妈妈没有老师在旁，自己练习康复师指定的器材。妈妈熟悉各种器具的摆放位置，显然已经来康复室有一段时间了，每次训练结束，她会叫儿子把他拿得动的器材或玩具归位。我看着他小心翼翼地平衡身体，慢慢地移动脚步，把东西放好，心里就想起他原

30 年的准备，只为你

本是可以追赶跑跳的六岁男孩。

我们一对一地各自练习着。不管是被老天爷关机也好，或是机器还没发动就被发现不良也罢，两位母亲、两个儿子，认真康复，没有时间怨叹。男孩左右摇晃，跟着母亲一起数数字；我拉着锡安的手，在矫正器练习站立。

安静的教室里飘荡着男孩的声音，数到大概第四十五下的时候，他的膝盖弯了。妈妈喊他："弯啰弯啰！"被唠叨了一阵，男孩终于站直。妈妈问："儿子，刚刚数到几下啦？"

男孩一字一字地慢慢说："我、不、知、道，因、为、你、骂、我，所、以、我、忘、记、了。"

男孩的妈妈、我和站在一旁的康复师听到都笑了。老师还称赞："不错喔！现在会抱怨啰，讲话越来越清楚，还有逻辑啊！"

妈妈接着说："那要从几下开始，从三十好不好？"

大概是于心不忍，我脱口而出："刚刚好像数到四十五了……"讲完之后，觉得自己真多事，说不定那位妈妈是想让儿子多练习几下，所以才说三十。

男孩听到我说的话，又看了妈妈一眼，很困惑的样子。他低头盯着自己的脚，想了一下，重新开始左右摇摆，口里数着："三十、三十一、三十二……"

"哎哟！阿姨都帮你说到四十五了，你还从三十开始，这样你会多做喔！"妈妈看了儿子又看着我，笑笑地说。

"他很乖，很听妈妈的话。"我接着说。

下了课，等电梯的时候，我坐在旁边的椅子上，低头帮躺在婴儿车里的锡安换尿布，没注意到身边有人向我走来。突然间，一双又湿又黏的手上下摩挲着我的手臂，我一阵恶心，吓得差点儿没从椅子上弹起来！我猛抬头，看见镜片下那双又大又圆的眼睛，是男孩！他定睛看着我。因为站不太稳，湿黏的手原本只是摸，到后来变成紧紧抓住我。

虽然知道是他后我已不害怕，却不知道该怎么办，也不敢把手抽开，怕他跌倒。我只能继续让他抓着，问他："弟弟你找姨姨要做什么？妈妈呢？"

他不说话，只是直直瞪着我看，又看看光着屁股、妈妈没办法帮他穿上尿布的锡安。

男孩的妈妈从洗手间出来，看到儿子这样拉着尴尬的我，赶紧跑过来道歉："对不起，对不起，他遇见喜欢的人都这样，喜欢摸人家，又一直不停地看……"边道歉边把儿子拉开："不要这样，你会吓到别人！妈妈跟你说过几次了！"

我赶快一边帮儿子把尿布和裤子穿上，一边跟他们说："没关系。"男孩被妈妈一顿数落，动作虽然慢却很有情绪，他面

30 年的准备，只为你

壁，不像思过，倒像是有点不开心。

安顿好锡安，我站起来，推着婴儿车一起等电梯。那位妈妈还继续跟我说"不好意思"，我边说"没关系"，边瞄着还在面壁的男孩，突然决定："弟弟，姨姨可以抱你一下吗？"

他不回答。也没管他愿不愿意，我弯腰轻轻搂着他。

男孩的妈妈没想到我会主动来抱她儿子，感激又感动，只差没向我鞠躬，一直捅她儿子，说："跟阿姨说谢谢，阿姨抱你耶！"他的头低到不能再低，很不好意思。"说啊！说谢谢阿姨抱我！谢谢你抱我！"我一直回说："不用不用。"

眼看儿子不说，她自己说，点头如捣蒜："谢谢你抱他，他没有吓到你吧！谢谢、谢谢……"

电梯门开了，里面满载，装不下锡安的婴儿车，我让他们先进去。门关上之前，男孩的妈妈都还在念："怎么不跟人家说谢谢？人家抱你耶！"

通常一个六岁的孩子，躲人家抱都来不及了，需要这样为了一个拥抱而万分感激吗？曾经有位妈妈感慨地对我说："你们家锡安长得真好，胖胖又可爱，看起来一点儿问题都没有。"会这么有感而发，只因为她的女儿一生下来就是唇腭裂。花了很多时间做心理建设，女儿满五个月

◎ 谢谢你抱我

时，好不容易鼓起勇气带她出门。才搭电梯下楼，就被邻居小孩指着襁褓中的婴儿说："妈妈！怪物！"

结果她哭着又带女儿上楼。直到某天义工主动与她联络，到家陪她一起带着女儿搭电梯走出来。然而那已经是六个月之后的事了。

如果可以，我想要紧紧抱着他，可是男孩的身体很单薄，我不敢太用力。我想告诉他，虽然戴着近乎放大镜似的眼镜，走路歪歪扭扭，说话含糊不清，但是你认真数数字的时候好可爱，你努力康复的姿势好帅，你收玩具和器材的样子好乖。

如果可以，我想要谢谢他主动来找我，摸摸我又看看我。我感觉到他的温暖，明白他的喜欢。谢谢你，男孩，用你的方式怀抱了我，让我第一次，不觉疲累地哼着歌，从康复室离开。

30年的准备，只为你

伤害处理

> 光是"癫痫"两字，我就花了整整两年时间，才有勇气把这两个字写进文章中。

一大早，好友打电话给我："嘿，你上报了耶！"

我正坐在高铁里，收讯不太清楚，可是约略听到她说什么，也知道自己为何上报。朋友的语气还算开心，恭喜我之后就收线了。

挂断电话，妈妈刚好打来："女儿，阿姨说你上报了！我现在正要去买报纸，你自己也要买一份保存喔！"妈妈很兴奋。

没过五分钟，妈妈又打来了，语气非常伤感地说："女儿，记者怎么这样写？你不要去买报纸……"

◎ 伤害处理

她哽咽，没有再说下去——说不下去了。

星期日早上，我带着锡安南下，与爸爸、妈妈和妹妹在车站会合，全家陪我一起去参加颁奖典礼。几个月前，我把原本要在博客发表的一篇文章投给一个基金会办的文学奖，没想到入围了，但必须在领奖当天才会公布名次。

爸爸跟我打赌，如果我得了第一名，就要用奖金请他吃饭；如果只得到佳作奖，那他会可怜女儿没拔头筹，看在外孙锡安的面子上，请锡安妈妈吃饭啦！

我们穿着整齐，浩浩荡荡地抵达会场，包括白天总在睡觉的锡安。颁奖的地方是个育幼院，校舍闹中取静。只是我们没想到的是，活动居然在草地上举行！烈阳下，顶着三十几度的天气，我们汗流浃背，后悔自己怎么没穿短裤来。锡安的脸则被晒到像关公一样红，居然不为所动，继续呼呼大睡。

典礼还没开始，有位记者走过来向我提问。但因为育幼院安排的表演即将上场，我们的话题还没开始聊，就被打断了。孩子们努力的演出让观众非常感动，掌声热烈。无论是站着还是坐在轮椅上，他们都奋力演出，动作整齐划一，笑容灿烂无比。据说这支拉拉队舞蹈，在特教学校竞赛中还拿下大奖。

获知自己入围后就已想好了，就算可以得奖，我也不忍向一个公益团体领奖金。虽然金钱所赋予的成就感令人心动，但我心底清楚，育幼院还有更多需要帮助的孩子，他们被家庭遗

30 年的准备，只为你

弃，终生需要照护、辛苦的康复……这些费用都仰赖社会大众的捐助，所以我不能拿这笔钱。自从有了锡安，陪他走入特教体系，我才发现自己对身障团体的认知有多么浅薄。当初投文就是为了尽一己之力，让更多人知道弱势儿童与家人的心声，仅此而已。

评审从佳作奖开始宣布，儿童组、少年组、社会组，我一直没等到自己的名字，最后竟是获得了社会组的首奖。我上台，谢谢评审和主办单位的用心，更谢谢育幼院的小朋友，给我们这么精彩的早晨，害我不仅汗流满面，连眼睛也出汗了！"奖杯我领，奖金留下来给你们，阿姨有空再回来看你们表演！"

典礼结束后，我向爸爸两手一摊，没有奖金啦！爸爸称赞我做得好！女儿愿意把奖金捐出去，当爸爸的他一定请吃饭！正想离开，记者走来，希望能够完成刚才被打断的采访。我们简短地聊了一下，谈的多半是得奖文章的内容，她问我锡安的情形，我也约略但诚实地带过。

我听妈妈的话，没有买报纸。热心的朋友念给我听，记者明显是想塑造出苦情的形象，提到锡安发育不全、妈妈至今不敢再生第二胎等等这些我根本没说出口的话！我告诉记者，医生找不出锡安的病因，所以她就草率地归类

◎ 伤害处理

为孩子发育不全。

她问我有没有打算生第二胎，我说要等锡安会走路了，我不必大着肚子还要抱他时，再考虑怀孕。这样一段话，不知她从哪里听出我的恐惧。

我想起妈妈，觉得非常心疼，因为亲朋好友、同事同业们今天翻开报纸，将看到白纸黑字大剌剌地印着令她心碎又不完全正确的报道。

写作，对我而言是抒发也是建设，并非为着公开悲惨以博得同情。从爬格子中，我学会不害怕，能写在纸上，我就能进入现实中面对。光是"癫痫"两字，我就花了整整两年时间，才有勇气把这两个字写进文章中。

小时候，班上怪怪的男同学患有癫痫，大家都笑他是爱吐口水的"羊痫风"。我没有笑他，但我承认自己总是避开他。刚开始听到锡安有癫痫，好几十年没见过面的那位男同学的模样居然不断浮现在我脑海！我完全说不出"癫痫"两字，总是以"发作""抽筋"来形容儿子。

直到有天我把它写下来，看着那两个字，那就只是两个字啊！我何必这么耿耿于怀，被它们所带来的定义捆绑？不敢承认自己的孩子有这种疾病，那我该怎么陪他长大？

对"癫痫"的抗拒和排斥，就因着写下这两个字而释怀。

看着窗外的阳光，我想起在艳阳下挥汗如雨的小朋友和基

30年的准备，只为你

金会辛苦的老师们。闭上眼睛，我知道自己为何而写、写的又是什么，而今天的报纸只是明天的历史。我告诉自己，要留在心里的，只有孩子们的努力与笑容，仅此而已。

最后一分钟

> "爸,我真的好热……"
> 爸爸不说话。坐在后面,双手微微张开,随时预备接住可能从九十度再弯成一百八十度的儿子。

"爸爸,我好热,走不动了。"

"不行!热也要走!"

小小的器材室里有两台跑步机。锡安还不会自己走,肩带、腰带将他整个人撑起来,吊在支架上。他不甘愿地哀号,走得歪歪扭扭,步履数度腾空;要不然就故意把脚放软,拒绝踏步,让轨道拖着双脚左摆右荡。我只好蹲在他身后,两手挤牛奶似的拉扯他双脚,喊着"一、二、一、二",带他的脚一步步往前踏。

低着头,我汗流满面,加上儿子边走边抗议地尖叫,丝毫没留意到身旁有人,直到听见他们的对话。

30 年的准备，只为你

身旁的父子正在使用另一台比较大的跑步机。男孩快步走，身体已经呈现九十度的弯曲，显然很累了。他看上去也的确很热，脸颊红扑扑的，头发黏在前额上，气喘吁吁，不知道已经走了多久。爸爸压抑着不耐，一脸严肃地看紧儿子，不让他有松懈的机会。

"爸，我真的好热……"

爸爸不说话。坐在后面，双手微微张开，随时预备接住可能从九十度再弯成一百八十度的儿子。

"爸，我好累，还有多久？"

爸爸没有回答。疲惫的脚步跟不上跑步机的速度，男孩的双腿与上身几乎快要平行。眼看儿子就要跪在跑步机上，爸爸站起来，从腰部把他举起，再重重地摔回轨道上，命令儿子站好！男孩哀叫一声，眼见没有妥协的余地，只好继续拖着身子走。

爸爸叹了口气，仍旧一语不发。起身时，他往跑步机的电子面板一望，突然大声宣布："加油！加油！快到最后一分钟了！"

进入最后六十秒，跑步机会发出"哔哔"两声，提醒你，已经到了最后一分钟。从五十九秒到一秒，跑步机每过一秒就"哔"一次，一秒一秒地伴随你、安慰你，六十声"哔"，忠贞地陪你倒数六十秒。到达零秒那一刻，跑

◎ 最后一分钟

步机高昂地唱出一声长长的"哔——"，机器戛然停止。恭喜你！完成了一段艰辛的路程，跳下跑步机，又是好汉一条。

"啊！最后一分钟的魅力。"我心想。这魅力连锡安都懂。通常他一听到"哔哔"声，几乎要刺破他老妈耳膜的狂叫马上停止。他或许不知道这是最后一分钟，但他隐约明白，魔鬼训练就快结束了！所以他愿意忍耐，好好地踏步，因为这场折磨只剩下最后一分钟。

当我听到最后一分钟的警示时，无论儿子之前走得如何歪歪扭扭，无论我的腰多么酸痛、手臂多么僵硬，我仍然挺直腰杆，双手拉着他的脚踝，带着他的脚一步又一步，扎扎实实地踩在轨道上。嘴巴也没闲着，打起精神，为自己也为儿子加油："只剩最后一点点啰！宝贝，快到了喔！"

只剩最后一分钟，男孩听见了，像是服下仙丹灵药，九十度的上半身慢慢挺直，不再抱怨，把精力省下来努力往最后一秒走。爸爸一改之前军事化的口吻，帮儿子加油打气，跟着跑步机的"哔"声数着："五十九、五十八、五十七……"

两人同心协力的神情，完全不像前一分钟那对严厉又哀怨的父子档。六十秒终止的那刻，男孩一听见"哔——"的声音，站在停止的轨道上欣喜若狂，精神大振地说："没有了，没有了……"爸爸其实也松了一口气，却故意皮笑肉不笑地问儿子："你现在讲话那么大声了！刚才不是很累吗？"

30年的准备，只为你

生命中的每分每秒，都不回头地滴答离去。它们的分量相同，提供同等的空白，让人用自己的方式填满，是追逐梦想也好，放空发呆也罢，时间不间断地给予机会，从不干涉人如何使用。

然而人看待时间，不一定能抱持相同的感受。被老板责备的那一秒是那么漫长、那么难熬，在爱人怀里的这一秒却是这么短暂、这么甜蜜。人们常用感觉来决定分秒的长短，于是时间遭受不公平待遇，有些被毫无意义的动作带过，有些则被认为刹那即永恒。

刹那是对时间标准的叙述。至于永恒，不过是被人类情感无限拉长的那一刻！

时间显得绝对与无情，人却那么易感且多情。耽溺在不能重来的过去，挂虑着不一定走得到的将来。如果不试着活在最后一分钟，那么剩下的往往只有后悔，也许是后悔此生没有精彩地活，后悔与心爱的人永远错过。或许连后悔都是一种浪费，只能收拾起懊恼的心情，试着去完成那些来不及的事。人活着就必须跨步迈进，因为时间也是如此毫不回头地往前走。

我想起《圣经》对时间有一种特别的说法："你们要赎回光阴，因为日子邪恶。"日子之所以邪恶，是因为它充满了太多阻碍我们往目标迈进的纷扰，我们容易在其中

◎ 最后一分钟

迷失方向，忘记最初的目标，甚至记得了，也不愿再追求。我们那么容易对他人的言语耿耿于怀，难以忘却自己的失败，反复陶醉于过去的荣耀，沉溺在诱惑、愤怒与悲伤里，于是，当时间流逝，却没有留下任何意义。

"赎"是强烈的字眼，意思是必须付出代价。时光从来都是不能倒流的，被浪费的过往也不是真的能被挽回。赎回光阴，是指在我们面对当下的每一个时刻，都以"赎"的态度认真把握，奋起直追。时间是如此坚决地不可被逆转，而心若混沌度日，光阴便在不知不觉中永远流失。

陪锡安练习跑步机时，我问自己，如果最后一分钟与每一分钟的长度一模一样，我能不能以同样的心情对待前一分钟，认真地陪锡安整整走完那三十分钟？我能不能努力活过生命的每一分钟，把它们看得如同要达到目标的最后一分钟那么雀跃，或者是咽下气息的最后一分钟那么宝贵？能不能不再花费即将逝去的这一分钟，问过去为什么，将来会如何？

时间虽然看起来像操控在我手中，但它从来不曾为谁而停留。而当它决定停下时，那就是我的最后一秒钟。

30 年的准备，只为你

卡片

那是我第一次，听到来自一位医生的鼓励。

我一手抱孩子，一手撑伞，回头见他正站在门口朝我挥手。空气中布满雨水的清香，而雨水就这么涌进我的眼眶。

"有这张卡片其实很好。"他边说边从皮夹里抽出一张卡片递给我看。"不仅停车方便，还有许多福利。你看，我也有一张。"

"你也有一张？"我按捺住惊讶，双手接过卡片。薄薄一张，尺寸与排版都跟身份证差不多，出生日期、地址电话、配偶姓名，只在最底端多了一栏"伤残等级"。

我不知道该不该，但还是问了："医生，你怎么了？"

◎ 卡片

※

　　第一次见到他,他已经从大医院转到中型医院,门诊病人从以往的百位数减至十位数,他正在享受退休生活。

　　儿子久病不愈,我四处寻求最合适的医生,经人介绍找到这位名医。他却表明自己只乐意提供咨询,目前手上都是已经跟他很久的病人,他没有再收"新生"的打算。

　　我不放弃。孩子的病会把当妈的脸皮逼厚。我三顾茅庐,报告儿子的最新状况,向他请教自己搜集的医学资料,把我为儿子做的记录给他看。请他考虑、再考虑,我会是一个认真的妈妈,不会辜负破例收容的好意。

　　直到第四个月,他口头上虽没答应,却要护士帮我们预约回诊时间。他详细解释用药的剂量和可能产生的副作用,要求我继续做记录,对治疗会有帮助。

　　问诊结束,我推着婴儿车开了门就要走,身后突然响起他的声音:"妈妈辛苦了,加油!"

　　我赶紧转头道谢,门轻轻掩上。我站在门口,泪就这么流下来。

※

　　那是我第一次,听到来自一位医生的鼓励。

30 年的准备，只为你

看着儿子慢慢偏离正常范围，往病痛或迟缓沉陷，不是一件容易的事。偏偏医院白花花的日光灯与无所不在的酒精味，从不提供丝毫安慰。我带孩子求问过许多名医，但每每证明遇到好医生真得碰运气。他们不是扫瞄病历的速度可与光速相比，制式化的答案在网络上也找得到；不然就是明明说的是中文，却都是我听不懂的术语。

那是第一次鼓励，却不是最后一次。我发现向病人与亲友说"加油"是他的习惯，因此当我知道多位病人已经找他看病长达十几年时，一点也不觉得奇怪。每次回诊，他总会仔细询问儿子的发展，对我这外行人提出的医疗问题——答复，从未显出不耐烦。医生不仅在意病人的痛苦，也尊重家属的感觉，孩子必须试新药或安排检查，他都会告知原因与结果，令家长安心。

即使是半退休，他还是常到世界各地参加研讨会，与最新医疗手段接轨。他分享与会心得，激励病人不要沮丧，或许将来的发明能彻底医治疾病，甚至除去病灶。闲暇时间，医生致力研究西医与中医的联合治疗。他出身中医世家，学习西方医术，执业后发现中西医学不相往来的遗憾。他远赴日本、中国内地学习中医，期待这能补其不足，造福病人。

有回儿子试用新药，虽然发病量骤减，却产生躁郁、

◎ 卡片

自残的副作用。我不知如何是好，着急地托院方转达医生，几个小时以后，居然是他本人回电给我。听完我的描述，他给了我家中地址，愿意为儿子针灸。他认为，既然药物能够控制病情，就不能停药，希望能以其他方式舒缓情绪，帮孩子撑过这段适应药物的过渡期。

印象很深，那天下着倾盆大雨，后头又载着哭闹不停的儿子，我开车迷了路。眼看迟到已将近一小时，我的心好慌，祈祷着医生能够多等一会儿，千万别离开，我们就快到了、快到了……

他没有离开。扎针后半小时，儿子渐渐停止哭泣，沉沉睡去。我为迟到不断致歉，为他假日还肯帮忙说"谢谢"。他笑着说："没关系，雨势这么大，妈妈你有没有伞？开车要小心。"

我一手抱孩子，一手撑伞，回头见他正站在门口朝我挥手。空气中布满雨水的清香，而雨水就这么涌进我的眼眶。

※

当我不得不因特教学校的要求申请那张卡片时，我非常排斥儿子将被贴上残障标签，但没想到竟然从医生口中得知他长年面对的疾病。

他患有小脑萎缩症。这项遗传性疾病已经发生在他的多位亲属身上，包括他的母亲。他亲眼目睹妈妈晚年病卧床榻，即使心

49

30年的准备，只为你

智能力不受影响，却无法控制行动，肌肉变形萎缩。学医的他明白这种病无药可治，而他自己早在几年前也被证实患病了。

我记得医生走路总是一拐一拐，稍稍摇晃。原本以为那是年纪大了的缘故，没想到是他的病症。我问："真的没有治疗方法吗？现代医学这么进步，总会有新的药物吧？"我试着以他曾鼓励我的方式说话，才发现医生实在不好当。

他说："没有。这种病是不可逆转的，即使能够减缓恶化，最终还是得面对意识清楚、身体却不能活动的痛苦。"我不知道该说什么，从来都是他扮演万能医生，我扮演紧张妈妈。我想起他如此关怀病人、致力研究，自己却背负着病情每况愈下的十字架，清楚明白此生最终的景况。

"有这张卡片不代表什么。我也有，更何况我的病还无药可医！我告诉自己，每天都要活得没有遗憾。妈妈你要这么想，孩子才会快乐健康！"

这些话我都知道，但从他口里说出来，还是让我充满感恩与震撼。他不仅是我儿子的医生，更成为我的榜样。他医治孩子的身体，也医治我的心灵。在这场对抗病魔的奋战中有他为伴，是何等的幸福和安慰。

◎ 勇气

勇气

> 我听懂了,她不要我躲起来,不要我看到正常的孩子时,把自己不那么正常的孩子藏起来。

堂姐打电话问我,锡安生日快到了,有没有什么计划啊。

想起锡安一岁的时候,我们费心为他办了一场生日会。我发邀请卡、亲手做谢卡,还为这颗大头剪了一顶生日帽;妹妹帮我布置,家里到处都是金色彩带和五颜六色的气球,墙上大大的红色剪纸拼着——Happy Birthday, Zion!

能来的亲朋好友都来了,一起切蛋糕、拆礼物。吃吃喝喝中,大家轮流说点话,我们提及照顾锡安的过程,他们说些鼓励的话。听着说着,环顾四周,每个人都热泪盈眶,连平常最酷的表弟都哭了。他还当场警告所有人:"如果以后你们有人遇见我

30年的准备，只为你

妈，不准告诉她今天我哭了！"

原本跟着他流眼泪，听到这句话，所有人都爆笑出来。

我告诉堂姐："今年没有计划，就低调度过两岁生日吧！"

"为什么？"她不解。"我们连礼物都准备好了耶！"

锡安在出生的第二个月确定为脑伤，随即而来的症状很多，其中最明显的就是癫痫发作。为了压抑异常放电对正常脑细胞的损害，医生马上为锡安开药，而且一天三次。我忧心忡忡地问："这药一吃，要吃多久？"

"这种药最少必须服用两年。如果控制得好，两年后可能就不必再吃了。"

医生好心回答统计的数据，但不代表两年后锡安就能完全脱离药海。可是对当时的我来说，这句话、这个数字，像是海中远远漂着的浮木，我努力游，游过去抓住了或许就能得救。所以锡安一岁的生日会，即使提到儿子还是不免流泪，我心中仍隐隐怀着两岁的盼望，也许到了两岁，这些辛苦都值得，吞下去的药都会起作用。

锡安原本已经半年没有发作，医生还答应我，如果可以持续不发作长达一年，便考虑撤去用药。直到前两个月，癫痫再次复发，一切前功尽弃，医生又开始配新的药

◎ 勇气

给他吃。

两岁到了，我们似乎又回到原点，重新开始。

不仅需要面对癫痫频繁的攻击，受困于脑部的不良结构，锡安的成长也受到阻碍。刚开始看不出来，婴儿时期，每个宝宝看起来都一样，爱吃爱睡。带他出门，大家总称赞这个胖胖的男婴真可爱，不哭不闹，吃饱了就乖乖睡觉。慢慢地，当同龄的孩子开始会走会跳会说话，眼尖或有育儿经验的人再看看锡安，不必太久便能察觉异样。

锡安一岁半的时候，先生带锡安和我参加公司的聚餐。坐在我们身旁的女同事观察锡安一阵子，在整桌子的人面前突然问："他好安静，你们有没有带他给医生看过？"

锡安的爸爸不等我回答，抢着说："他很好，只是想睡觉。"

我瞄了一眼孩子的爸爸，他并没有看我。不知道儿子的状况是让他觉得羞耻，抑或只是懒得解释？整场餐会，那位女同事一直找我聊天，描述着她跟锡安差不多大的女儿是怎么活蹦乱跳。我只能微笑，不敢多说话。

锡安感冒，我带他去诊所，依照惯例，看病前得先量身高、体重。护士要锡安站着量，我拉着软趴趴的儿子试了好几次还是站不好。不站在体重机上，坐在量婴儿体重的磅秤上总可以吧！然而锡安太大，都满出磅秤了，躺在上面摇摇晃晃，指针跟着他

30 年的准备，只为你

摇摆不定，看不清楚到底是几公斤。看着他扭来扭去，护士开始不耐烦，大声地说："他为什么这样？他在家都这样吗？"

我不晓得该怎么去跟不熟的人说儿子的情况。说了不是，不说也不是。其实不仅是跟不熟的，连跟熟识的人有时也不知道该从何说起。

小艾最近打电话给我，关心锡安的情形。我们从学生时代就认识，毕业就职，走入婚姻，我们都是彼此相伴分享心事的姐妹淘。两人自从升格妈妈后，反而很少聊天。小艾是职业妇女，有个比锡安小半岁的女孩，与婆婆同住，既要工作又要兼顾家庭，忙到不可开交。

"你怎么啦？"聊了一会儿，她突然跟我说对不起。"怎么了？"我诧异地问。

"不打电话给你不是因为我真的那么忙，其实每次听到你说儿子，我常常不知道要怎么反应。久了之后，越来越不常打电话给你……"她说着说着，哽咽起来。

听到她这么说，我的鼻子一酸。"你不要这样说，换作是我，我也不知道要说什么啊！"

这两年，周末或假期，我们变得越来越少出门。妈妈和儿子，像是母兽带着小兽，在自己巢穴里玩闹或舔伤都好，那是最安全自在的地方。

◎ 勇气

　　几个星期前,阿菲告诉我,她受邀带儿子去朋友家做客,朋友的孩子也是有点状况的。她让儿子跟人家玩,大概是两个小孩没什么互动,玩不起来,主人夫妇俩看到两个小孩各玩各的,表情越来越沉,聊天有一搭没一搭。她强烈感觉到不受欢迎,尴尬之下便拉着儿子先行离开。

　　"你的故事有一点长咧!重点是什么啊?"我边泡奶边用耳朵和肩膀夹住话筒。

　　阿菲支支吾吾,根本不像平常直来直往的风格。"我的意思是,就是说,不管锡安以后怎么样,你都要让他跟我儿子一起玩,就算玩不起来,越玩也会越熟啊!总之啊,就是我们的小孩可以一起玩就对了!"

　　我听懂了,她不要我躲起来,不要我看到正常的孩子时,把自己不那么正常的孩子藏起来。"好啦好啦!我懂啦!"我嬉皮笑脸回阿菲的话,感谢电话线可以隐藏我早已发红的眼眶。

　　每次接触与锡安病情相关的信息,我总是希望自己有一套很强的情绪处理器,可以快速排除所有负面情绪,不被消极的字眼或话语影响。望着架上一本本如何帮助脑伤儿、如何对待种种问题与残疾的书,我常想,为什么没有书帮助病童的家人,如何怀抱希望,如何忍耐失望;如何面对别人不懂、你也不想解释的场景;如何勇敢地带孩子走出去;如何漂流在海中,即使前头没有浮木做目标还奋力往前游;如何鼓起勇气,即使眼前这片汪洋可

55

30年的准备，只为你

能永远没有抵达的海岸……

　　明天，锡安就要两岁了，日子没有带我们达到两岁的目标，反而赐下更艰难的功课。或许希望是破灭了，那就这么一天过一天，不必为明日忧虑，更不必怀着任何预设的期望。我不再期待"将来"能够解决所有的问题，两年也好，二十年也行，我不强求脚下的海平静安宁，头上总是阳光普照、天色常蓝；我只祷告神，请给我们力量，在黑夜的海上摇橹，给我们勇气，面对人生汹涌的风浪。

　　　　　　　　　　——写于锡安一岁又三百六十四天

永远的心肝

远在天边、近在眼前,锡安急了,他用力抓住桌边,坐姿转为跪姿,双脚跪立转为单脚跪立,他就这么直挺挺地站起来了!

我来不及捂住自己的嘴巴,开心地尖叫!

    锡安还不太知道怎么操作玩具,他对待玩具唯一的方式就是咬。因此,老妈子我现在又多了一项工作,就是在儿子"酷刑"玩具之前,用湿布擦拭玩具,再喷酒精消毒。

    我把锡安放在玩具垫上,让他自己滚来滚去。我坐在沙发上,把玩具全都拿到茶几上,一个个排排站,大伙儿经过检验之后,才能干干净净地受下一回"酷刑"。

    不到一会儿,锡安坐起来,我发现他慢慢往茶几方向移动,往我这里前进。他趴着爬,虽然肚子没离开地板,但移动速度并不就此减缓。康复课的老师都说锡安像只毛毛虫,虽然还不会自

30 年的准备，只为你

己站起来，更遑论行走，但他只要屁股翘起来，肚皮往前推，扭啊扭的，一眨眼就到达目的地了。

锡安"趴爬"到了茶几旁，坐起来，一颗大头晃啊晃的，抬起头，盯着桌上的玩具看。

突然他伸出手，双臂举得高高的，我以为他想拿玩具，还故意把擦好的歌唱小狗放在桌边，好让他容易抓得到。但他似乎无意"掳掠"小狗，肥肥短短的手臂挥啊挥，他试图抓住茶几边缘。

刹那间，我明白儿子在做什么，他想要扶着茶几站起来！

我屏气凝神，默不作声，观察儿子的一举一动。我知道他应该站不起来，因为老师说他的肌肉张力太低，手脚的力气不够，撑不起自己的重量。可是，看见儿子有意愿往前，有动机触摸，至少他不再自闭、沉醉在自我世界里，至少他并非弱视、无法聚焦注视目标。我激动地忘了擦玩具，呆呆地凝视着他。

他坐着，手撑着地板，用屁股往前移，一寸寸地往前。不一会儿，他的手已经摸到桌沿，眼睛一刻也没离开他心爱的玩具们。

我想如果玩具有腿，一定会逃难似的赶紧冲向茶几的另一边，谁先被抓到谁倒霉。脱毛已算是不幸中的大幸，有的同胞还被咬到断手断脚，挨针缝补之后，又会被送进

◎ 永远的心肝

火坑，天天沾满黏黏的口水，湿湿答答的超不自在。

远在天边、近在眼前，锡安急了，他用力抓住桌边，坐姿转为跪姿，双脚跪立转为单脚跪立，他就这么直挺挺地站起来了！

我来不及捂住自己的嘴巴，开心地尖叫！

听到妈妈的叫声，锡安吓了一大跳，又一屁股坐回地板上。他急了，或许不懂自己刚刚站起来，只觉得明明就快拿到玩具了啊？他的屁股更往前移，打算再试一次，没想到这回前进太多，两只脚都卡在桌底与地板中间的空隙，拔不出脚，又无法往前。他转头，眼神哀怨地望着我，意思应该是："妈妈！都是你害我的啦！"

我几乎要流泪了，因为今天的一小步，是我和儿子人生的一大步啊！他居然有力量把自己撑起来！他居然有意念向目标迈进！记得医生曾要我有心理准备，儿子可能终生无法行走；想起康复师说，锡安这么软的小孩，能够独自站立很困难。

我兴奋地把儿子抱起来，紧紧拥他入怀，亲他胖胖的脸颊和圆圆的额头，边亲边说边转圈："锡安好棒！锡安好厉害！耶耶耶！"不知道是被我的头发搔得痒痒，还是感染了我的欢乐，锡安忘了还要拿玩具，也跟着哈哈大笑。

是的，他是我儿子，他今天自己站起来！虽然他不太会爬，还不会走，更不会叫妈妈。他们说他脑部畸形，说他发育迟缓，可他是我最棒的宝贝，是我永远的心肝。

59

30年的准备，只为你

车灯·泛黄

"唉！锡安你喔……"孩子的爸爸欲言又止，我知道他想说些什么。

望着窗外停着的一排排的车灯，我没有搭腔。

星期五晚上，到处都塞车，动弹不得，一家三口卡在车上没事做。

孩子的爸爸到处找缝隙钻，和其他司机互按喇叭，又超车又叫嚣，直到无路可走，他才放弃挣扎，悻悻然地转着广播，只是每个电台停留不超过一分钟。锡安一脸无所谓，刚喝完奶，舒服地躺在汽车座椅里，叮叮当当地摇着小狗固齿器。我陪儿子坐在后座，不太想说话，避免挑起暴躁司机的怒气，直视不远处的信号灯，看着灯由红转绿，又由绿转红，怎么就是轮不到我们走。

◎ 车灯·泛黄

我突然想起，该打个电话给好友盈兰。从高中死党一路升格当妈，虽然在不同的国家求学、成家，十几年了，我们一直保持联络。好不容易两人都回到同一座城市生活，相约见面约了快半年，居然都忙到还没有见面。

我们在网络上感慨，以前隔着太平洋的时候还能半年吃一次饭，现在只差一个高速公路收费站，竟然一年见不到一次面，怎么会忙成这样啊？

盈兰接起电话，她比锡安小三个月的女儿正在旁边咿咿啊啊。

"妹妹会讲话了啊！"我问。

"对啊！已经会叫人了。妹妹来，叫阿姨！"她把话筒交给女儿。

"阿姨！"小女孩清脆的童音，甜甜软软的呢哝细语足以令冰山融化，北极熊都要无家可归了。

"你好棒喔！"我大大赞美她。

"阿姨！"小女孩又叫了一声。我说她好可爱！

"阿姨！"小女孩再叫了一声。听她开始欲罢不能，我笑了起来。

"好了好了，让妈妈跟阿姨讲话。"盈兰把话筒接过来，小女孩还在"阿姨、阿姨"地唤个不停。

聊了一会儿，我们敲定见面的时间，还开玩笑地说不准对方

30年的准备，只为你

"黄牛"，不可以再有突发事件，就算孩子生病，戴着口罩也要赴约！直到挂电话，电话那头的小女孩还叽叽呱呱地说些我听不懂的话。

说"再见"之后，孩子的爸爸问我："她女儿会讲话了？"我说："对。"

他又问："会爬了吗？"我说"对"，比较小声。

"会走了吗？"我说"对"，更小声。

我转头，身旁的锡安不摇小狗了，而是专注地啃它。胖嘟嘟的脸颊，坚定的眼神，又要长牙了吗？我伸手摸摸儿子圆圆的额头，他像是从磨牙中醒来，转向我，歪着嘴笑了。

大家都说，这是哈里森·福特的微笑。在电影《夺宝奇兵》里，他戴顶牛仔帽，挥着长鞭，每次任务圆满达成，就会露出一股邪邪的、却又带点纯真的迷人笑容。

"唉！锡安你喔……"孩子的爸爸欲言又止，我知道他想说些什么。

望着窗外停着的一排排的车灯，我没有搭腔。

过了一会儿，他突然说："没关系，他一直去上康复课，也固定吃药，他会慢慢跟其他小孩一样，对不对？"

我沉默。前几个月，锡安失去了所有反应，住院做尽所有检查，吓得我们六神无主，身心俱疲。好不容易借着

◎ 车灯·泛黄

药物调整，儿子回到以往能笑能哭的模样，但他仍旧不会走路，爬得也很吃力。人总是贪心的，对吧？但我试着转个弯想，或许不满足是种另类的动力，得以强迫人不断往前。

最近，我希望能够替儿子申请"残障手册"，享受残障人士的福利和减免，昂贵的药物和康复器材都能因手册而得到补助。下雨天，有张残障停车卡，我就能把车停在离医院最近的地方，不必到处找车位，再扛着大包小包推婴儿车到医院。当我和孩子的爸爸商量时，他反问："所以你宁愿让孩子被贴上残障标签，也不愿多绕几圈找车位？大不了坐出租车嘛！"

对啊！我为什么不能多绕几圈？为什么不能多花点钱坐车？我哑口无言。但是，事实不会因为我们不面对就消失，人定不一定胜天，不是努力就会与完美的结局画上等号。即使如此，我们还是要尽力而为。

车子开始缓缓移动。听我不说话，他又问了一次："锡安会越来越好，你说对不对？"

我望着窗外，不是故意不答，只是不想在这拥挤的夜晚，再塞入另一段紧张。我知道答案，却不晓得如何包装残忍的现实。可是，难道他一定要我说出一个答案吗？难道他自己完全看不出真相？

我想说，我愿意等儿子长大，如同我愿意等你接受事实一样。我愿意忍受孤单，等你走到与我一起陪儿子奋斗的彼岸。但

30 年的准备，只为你

我越来越明白，这场等待似乎与时间无干，而是与意愿有关。

一颗颗闪烁的车灯，在我眼眶里突然泛成一片晕黄。

我说："对。"

应当高声歌唱

女孩开始对小弟弟有意见了。

"小、弟、弟、不、会、唱、歌。"

"小、弟、弟、站、不、好。"

"小、弟、弟、什、么、都、不、会。"

她的发音模糊,讲话的速度也很慢。或许就是因为讲得慢,才会让我觉得胸口有一把刀,一寸寸,慢慢地,插进心里。

男孩像灯塔

每次带锡安经过那个教室,我总忍不住探头看。

地板铺着软垫,有一面类似韵律教室的大镜子,其他三面墙钉着许多柜子,里面摆放着各式各样的器材和玩具。小小的空间几乎塞满了人,除了两个老师带班,大约有十个孩子,面对面站成两排,每个孩子身后,各有家长陪伴。

忍不住探头看,是因为歌声。大家在练唱吗?但声音忽高忽低,毫无合唱的优美,也无齐唱的雄壮,起落不定,外加走调。唱的是童谣,好比儿歌总复习,歌曲之多,连对童年已经没什么

30年的准备，只为你

印象的我都还能哼上几句。有人唱得很认真，嗓子用力嘶吼；有的则是含混不清，歌词七零八落地嗯嗯啊啊。我不清楚这堂课的内容，歌声却吸引了我，心想如果有一天儿子也能参加歌唱课，总比上其他的课要来得开心。

那天下课后，我推着婴儿车要进电梯，老师追出来喊着："锡安妈妈，我们帮锡安加了一堂课，在星期四下午两点。"

不知道是什么课，多上课总是好的吧！老师愿意加课，儿子就多了学习的机会，我点头说："谢谢。"

星期四下午我提早到，老师带我们先进教室等着，我帮锡安把鞋穿好。其他学生和家长们陆陆续续地进来，系沙包、穿绑脚。小男生、小女生都是六七岁左右的年纪。老师拿出两根长长的、状似平衡木的器材排成两行，要大家围着器材排排站，我突然明白这是哪一堂课。

老师说："小朋友，我们今天换教室，又来了一个新同学叫锡安，大家要欢迎他。"老师指向锡安与我，大人、小孩都转过来看我们，没有人说话。

身旁的小女孩看着锡安，一字一字吐出来："小、弟、弟。"

虽然锡安在同年龄的幼儿中算是个壮丁，但是不到三岁的他，站在哥哥姐姐们中间就只是矮矮的小胖子。经由老师的解释，这堂课是"站立练习"。还不太会站的小孩以双脚立正；站得比较稳的，一只脚要踏在平衡木上，只用另一只脚的力气支撑身体重量。

站多久呢？就站一首歌那么长。

老师传着抽签筒和玩具"麦克风"，每根签上都有一首歌，谁抽到了，就要拿"麦克风"当主唱，其他人也要一起唱。唱完一首，每个人都可以坐下来休息，签筒传到下一个小朋友，抽到另一首歌后，全体再站起来齐唱。小孩大都有些口齿不清，再加上家长们早就不怎么熟悉曲调，《娃娃国》《天黑黑》《抓泥鳅》《火车快飞》……不是变成失去主旋律的变音版，就是沦为念歌的饶舌版。

因为唱歌不是重点，如何站、站得稳才是重点。即使每一首儿歌都那么短，对站不稳的孩子来说，也像《长恨歌》那样无穷无尽。锡安总是在歌还没唱完之前就要坐下，我硬是把他撑起来，他便尖叫抗议。含混的歌声中夹杂着孩子的抱怨与哀号、父母的鼓励或警告，一阵混乱中，我发现从前听到的嘶吼声，出自一个男孩。

男孩算是已经站得稳的那群，所以他左脚踏在木头上，只用右脚支撑全身，每换一首歌，左右脚便得互换。签上所有的歌他都倒背如流，不仅会唱，他还用力唱。即使发音不清楚，他仍每个字都很认真地喊，因为太用力，声音常常高八度地分岔。小朋

30年的准备，只为你

友们听到走音都会嘿嘿地笑，连随侍在旁的父母们听到了也低头微笑。如此使尽全身力气、呐喊式的叫嚣，让男孩的爸爸一边扶着儿子，一边不好意思地劝他："唱小声一点，小声一点啦！"

我很享受男孩的歌声，那么有精神，在杂乱念歌、不专心、不熟悉甚至哭叫谩骂的孩子中，男孩就像灯塔一样闪闪发光！每当老师宣布抽到的歌，没人先开口时，爸爸、妈妈、小朋友全等着男孩起音。如果他请假，少了高八度的分岔，不只唱的人没劲儿，歌声更显得凄凉。

所以每次上课，看到他被爸爸牵着、一跛一跛地走进来，我都有股莫名的安心。

女孩很尖锐

可是我不怎么喜欢身旁的小女孩。

每个人站立的位置是固定的，老师把我们排在一对母女的隔壁。刚开始，女孩总唤锡安"小弟弟"，我也友善地报以微笑。上了几堂课之后，女孩开始对小弟弟有意见了。

"小、弟、弟、不、会、唱、歌。"

"小、弟、弟、站、不、好。"

"小、弟、弟、什、么、都、不、会。"

◎ 应当高声歌唱

她的发音模糊,讲话的速度也很慢。或许就是因为讲得慢,才会让我觉得胸口有一把刀,一寸寸,慢慢地,插进心里。

连弱势族群也分优劣啊?自己都算不上正常了,还要比来比去?"弟弟才两岁,你几岁啊?"心想,你唱自己的就好。她的妈妈在旁边装作没听到,并不打算制止女儿的发言。

"我、六、岁。"我正要向她解释:"你六岁啊,所以比较会唱歌、站得好。"没想到她马上接着说:"我、两、岁、的、时、候、就、会、唱、歌、了。"

女孩的反应之快,让我反倒醒过来,懊恼自己怎么跟六岁的小孩一般见识。虽然还不至于动怒,可是心里某个角落却被她的童言童语给触痛了。"真的啊!你这么厉害,所以你要帮小弟弟好不好?"

女孩听到我称赞她,反而不知道怎么回答。她的妈妈却转头了,面带歉意地对我微笑。

仔细看看这对母女。两人的衣服都黄黄的,洗得很干净却洗不去陈旧;妈妈的头发用一把大发夹盘住,有点散乱,像是刚洗完澡从浴室出来;女儿却整齐地扎起马尾,发间还夹着几只粉红色的小蝴蝶。

后来,在许多个下课的空当,我才从其他妈妈的谈话中,零碎拼凑出女孩的家庭状况。女孩还有一个弟弟,但也有问题。一连两个这样的孩子,爸爸无法接受现实,在外头另组家庭,每个

30年的准备，只为你

月只提供赡养费，把妻子和弱智的儿女留在父母家。婆家不好赶他们走，毕竟怎么说都是自己的孙子，再说也是自己儿子不对。女孩的妈妈就这么不离不弃，养育仍在襁褓中的儿子，带女儿到医院上课。女孩与其他堂兄妹合住在一个屋檐下，被嘲笑或比较是常有的事。

课堂中，女孩还是常常点出小弟弟哪里又不会了，女孩的妈妈多半不发一语。由于知道一点母女俩的背景，我不再试图纠正，毕竟那是女孩母亲的责任。女孩对锡安的念叨我充耳不闻。偶尔我会开口称赞女孩。因为我发现女孩在被赞美的时候，反而不知如何回话，才会安静地闭上嘴巴。

日复一日，带着儿子重复艰难的动作。当他不愿努力时，勉强他；当他辛苦练习时，安慰他。想起过去，我恍如隔世，早已不太认识自己。环境磨掉人尖锐的棱棱角角，却也能令人不复从前，往好或坏的彻底改变。身处困境，无论是穷怕了、气炸了、累坏了，还是逼急了，人，还能剩下多少的仁慈与礼貌？会不会失去原本的善良？

女孩失去爸爸，尖酸刻薄是她生存的条件吗？妻子没有丈夫，沉默不语是她保护的颜色吧！面对身旁说话不留情面的女孩，我问自己到底还剩下多少同情，是否依然能够优雅地歌唱？

只要我长大

就这么上了将近半年的站立课。有天上课前,老师宣布,要选一位最认真的小孩当班长。所有小朋友和家长们都一致同意,爱唱歌的男孩应当荣获班长资格。颁奖时,男孩的音量突然变小了。他接下老师手中的纸皇冠,我们为他鼓掌,他的脸涨得好红,小小声地说:"谢谢老师。"

男孩的爸爸推了推他,笑着说:"怎么现在讲话这么小声啊?"

他回爸爸一句,还是很小声:"因为现在不是在唱歌啊!"

大家听了,都哈哈笑了,起哄要他献唱一首。锡安虽然听不懂大家说什么,听到笑声,却也跟着开心大叫。

"你看你看,弟弟也在帮你加油喔!"老师指着蹦蹦跳的锡安说。

男孩看了锡安一眼,低头认真地想了又想,很慎重地说:"我要唱《萤火虫》。"

我们都席地而坐。还没上课,小朋友们都不用站着,坐着聆听班长的歌声即可。

小小萤火虫,飞到西,飞到东。
这边亮……那边亮……
好像许多小灯笼。

30 年的准备，只为你

同样粗嘎有力，时而高八度地变调，唱毕，大家都为他拍手。我的眼眶却红了，班长，你真是我们的萤火虫，你的歌声会发亮啊！

老师叫大家站起来，要准备上课了，我发现身旁的母女今天没有来。下课的时候，我问老师，才知道女孩去动手术了。

"她的脚一直站不稳，因为骨骼发展得不好。"

"有吗？她站得很好啊！"我不解。

老师向我解释，那是因为女孩的妈妈总是帮女儿穿绑腿和沙包。绑腿是两条与腿同高的护带，女孩站得又挺又直，因为被绑住的膝盖不能弯曲；沙包则是系在两边脚踝，增加稳定度和重量，所以女孩的重心往下，不容易跌倒。

老师说："拿掉绑腿和沙包，她的程度其实和锡安一样。"

我这才知道女孩平日的样子，当她行走在堂兄妹中时，就像锡安在她面前时的笨拙。虽然我总是不懂，为什么女孩的妈妈从不纠正女儿对我儿子的批评，但我只能学着宽容，告诉自己，如果过得去、走得开，就不要杵在被得罪的不快中。

◎ 应当高声歌唱

两个月之后,女孩回来上课了。因为膝盖动手术,她不能使用绑腿带,整个人软趴趴的,哭闹着拒绝练习。妈妈突然开口,指着身旁的锡安说:"你看,弟弟也没有绑腿,自己站啊!"

锡安摇摇晃晃,努力平衡身体。大家都在唱歌,他也跟着咿咿呀呀。

泪眼婆娑中,女孩抬头看我们:"小、弟、弟、会、唱、歌、了、啊!"

原来这就是她以为的唱歌。她误会了,锡安只是发声而已;但我更误会了,以为她只是个伶牙俐齿的女孩!

签筒和"麦克风"传到女孩手中,大家坐着等她抽下一首歌。

妈妈帮她抽了,是《只要我长大》。男孩班长迫不及待地站起来,昂首预备高歌一曲的模样。小朋友都站起来了,也准备要跟着唱。女孩在妈妈的搀扶下,也慢慢挺直膝盖。我们一起唱:

哥哥、爸爸真伟大,名誉照我家。
为国去打仗,当兵笑哈哈!
走吧!走吧!哥哥、爸爸,家事不用你牵挂,
只要我长大!只要我长大!

这么熟悉的儿歌,孩子、家长都朗朗上口。班长大声嘶吼,

30 年的准备，只为你

不小心又走音了，我们边笑边唱。锡安高兴地嗯嗯啊啊，女孩也开口轻轻唱。只要我长大！让男孩长大成为三大男高音，让女孩长大成为辩才无碍的律师。只要我长大！不管离长大的那天还有多远，不管何时才能从康复室毕业，孩子们啊！应当高声歌唱！爸爸妈妈们，也当高声歌唱！

◎ 哥哥妈妈

哥哥妈妈

当我正打算放弃,把锡安抱出教室,耳边突然传来高亢的声音:"弟弟不要哭!跟哥哥一起做!"抑扬顿挫的音调精神饱满。

我总叫她"哥哥妈妈"。

成为母亲之后,女人会突然丧失自己的身份。孩子叫什么名字,你就被冠上那个名字,成为"某某妈妈"。无论在医院或学校,老师、护士都以孩子认家长。自从锡安出生,已经好久没有人以本名称呼我了,大家都叫我"锡安妈妈"。

锡安第一次上康复课,就跟另一个小男孩共享同一间教室。男孩比锡安大六个月,康复师总是称他为哥哥,锡安为弟弟。我不知道孩子的名字,也这么跟着老师叫他哥哥,而哥哥的妈妈,理所当然就是"哥哥妈妈"啰!

30 年的准备，只为你

虽然是哥哥，他的体型却只有锡安的四分之一。小小的身体、小小的五官，我像是看见一个五脏俱全的模型婴儿，学着爬行、走路。经过时，我都要特别注意，生怕一不小心擦撞到他，娇小的哥哥便会粉身碎骨。

我一点儿也不夸张。试着去想象，这么小的婴儿。

在康复室里，妈妈们通常都是安静且带点羞涩，静静地偷偷打量着彼此。我也是如此。有些孩子从外表就看得出来和正常孩子不一样，我都转眼不看，怕自己不经意的眼神会伤害到孩子的妈妈。跟一般学校或幼儿园不同，这里的妈妈不会交换育儿心得或抒发感想，因为不爱提起自己的孩子，也不怎么想打听别人的。我们不喜欢社交，下了课，感谢老师之后，顶多和熟识的妈妈打声招呼，便赶紧带着孩子离开，一刻都不愿久留。康复室更非孩子游玩的场所，因为墙上再怎么鲜艳的卡通图案，都掩盖不了墙边摆放的矫正器。康复室总弥漫着一股低气压，这里是训练的兵营，是与病魔奋斗的战场。

所以我喜欢看见"哥哥妈妈"。她矮矮胖胖的，装扮朴素，抱着一个迷你婴儿，有着爽朗的笑声和轻快的脚步。看见她，我几乎忘记自己是在医院里，以为只是到幼儿园玩玩。哥哥从出生就开始做早疗，几年下来，"哥哥妈妈"认识所有的康复师，与他们的相处就像朋友一样。

◎ 哥哥妈妈

哪个康复师离职了,哪个快结婚了,她全都知道。上课时,我常常听到她大呼小叫地称赞儿子:"好棒、好壮、好厉害!"似乎所有词典里能找到的形容勇士的词汇,"哥哥妈妈"全都倒背如流,一股脑儿用在儿子身上。

因为同属一位康复师,即使各做各的运动,"哥哥妈妈"和哥哥都跟我们一起上课。那天,锡安趴在地上,发脾气不愿拉筋。课程只有半小时,眼看十五分钟过去了,我鼓励兼恐吓,但他仍旧大哭大叫,连老师都束手无策。

当我正打算放弃,把锡安抱出教室,耳边突然传来高亢的声音:"弟弟不要哭!跟哥哥一起做!"抑扬顿挫的音调精神饱满,我抬头看,"哥哥妈妈"正陪儿子走独木桥,哥哥摇摇晃晃的,试着平衡自己,慢慢朝我们这边移动脚步。

等到他终于走到尽头,"哥哥妈妈"大肆赞美儿子一番,随即带他走到锡安身边,说:"哥哥来,跟弟弟说加油!"

哥哥虽然站着,却只比躺着的锡安高半个身量。他发出"咕咕噜噜"的声音,用只有他懂得的词汇鼓励弟弟。大概是休息够久了,或是真的因为旁边有人鼓励,锡安竟然爬起来继续练习!

十分钟之后,身边传来一阵巨大声响。是哥哥,他"啪啪啪啪……"地用手奋力打地板,拼命摇头,意图非常明显。"哥哥妈妈"的赞美词一点用处都没有,他小小的手掌打得发红,这次换我开口:"哥哥加油!跟弟弟一起做喔!"

77

30年的准备，只为你

他啜泣着转向我，又看了在地上扭来扭去的锡安一眼，决定给个面子，再一步步艰难地往前。哥哥跟弟弟以一种其他人不能了解的奇特方式彼此激励，"哥哥妈妈"和锡安妈妈于是相识了。

其实我们并没有时间聊太多，只是见了面一定打招呼，点到为止地问问孩子的情况。更多的时候，我们为彼此的孩子打气，"弟弟好棒""哥哥加油"的声音此起彼落。两个孩子都还不会说话，这样的鼓励，让空荡的教室温暖起来，让两个妈妈比较不孤单。

我们会"试着"赞赏彼此的宝宝，即使知道对方的孩子都不够完美，还是尽力找出可以说的优点。她总是羡慕地说锡安好可爱，我是好妈妈，把儿子养得白白胖胖，而无视于张力过低的锡安，根本就是一团摊在地上的肉团。我则刻意避开"小"或"瘦"这些字眼，说哥哥进步得好快，眼神灵敏，非常懂事，发出的叠字越来越多，好像快要开始说话了啊！

"哥哥妈妈"每次上课，都得坐一个多小时的公交车来医院，我问要不要载他们去公交车站，她都客气地婉拒。矮小的身材，身上扛着一个迷你婴儿，像是妹妹背着洋娃娃！几次我们一起搭电梯，旁人看到母子俩都不免低声惊呼："哇！怎么有这么小的宝宝！"

◎ 哥哥妈妈

　　一句无所谓的评语，即使不带着恶意，都能伤妈妈的心。她不是继续跟我说话，就像是没听到似的出了电梯往前走，只是越走越快。

　　最近上课都没见到母子俩，我心里惦记着，不知道他们好不好。那天，我推着锡安走进医院大门，转角闪过一片熟悉的身影，我大喊："哥哥妈妈！"

　　她转身，哥哥被怀抱在胸前。她笑容满面地向我走来，我问："这些日子你们到哪里去了？"她才告诉我，康复师帮孩子调课，现在上难度比较高的课程。

　　我恭喜他们："啊！哥哥毕业啦！升级了！"哥哥小小圆圆的眼睛盯着我看，又望向在婴儿车里咬玩具磨牙的锡安。

　　"哥哥妈妈"笑着说："是喔！我都没想到，我们毕业了！去读研究所了！哈哈哈！"

　　听到妈妈的笑声，哥哥转头看她，伸手摸了摸妈妈的脸，细细的手像鸟爪，他说了："妈妈。"

　　"啊！会叫妈妈了，哥哥好棒喔！"我惊呼。

　　"哥哥妈妈"兴奋地说："对啊！上星期他吃饭吃到一半，突然开口叫妈妈，之后就一直会叫我妈妈了！"

　　没有时间再聊了，她要赶公交车回家，而我要赶上课。"加油！加油！"我们给彼此鼓劲。之后，她往门口，我往电梯走。

　　走远的时候，我转头看她，她刚好也转头看我。我们挥手再

30 年的准备，只为你

见，她矮小的身影随即被人群淹没。"哥哥妈妈"，我们一起努力，盼望哥哥健康地长"大"，知道妈妈的辛劳，有天你走不动时，他也能够带着你到处去。

"锡安，今天要好好练习，不可以又偷懒喔！赶快毕业，跟哥哥一样！"我叮咛儿子，眼看远远的一座电梯门开了。

"你坐好喔！"若是赶不上这次电梯，又要多等好几分钟，我推着婴儿车开始跑。车子在速度里摇晃，微风轻拂锡安的脸庞，像是在搔痒，他开心地尖叫起来。

盛夏

医生说:"发作时是没有意识的。"

我知道。

医生继续说:"所以她不知道痛,也没有哭。"

我知道,因为家里每天上映同样的画面。

闹铃开始作响的那一秒,我恰巧睁开眼睛。起身把闹钟关掉,儿子在婴儿床里东张西望,不知道已经醒来多久了。看见披头散发的妈妈坐在床上揉眼睛,他兴奋地站起来,扶着床沿蹦蹦跳。

"宝贝,早!"我努力撑开双眼。

他"咿咿啊啊"地大声喊。好儿子,一大早就给妈妈这么有精神的问候。

声嘶力竭的蝉鸣比闹钟更响,永无殆尽的音浪,在空气中层层叠叠、一波又一波地涌来,这是盛夏的乐章。儿子顺着声浪望

30 年的准备，只为你

去，又大又圆的头转来转去。什么都没看到啊！他疑惑地转向我，像是在问："妈妈，那是什么声音？"

抱起他，我轻轻摇晃："不要怕，那是蝉在唱歌。"

整个早上我忙得团团转，赶在四小时之内完成一天该做的家事。两个月前，我报名参加一场由医院举办的研讨会，今天下午就得报到。儿子的状况比较特别，一时找不到合适的保姆，我原本想着不去了。妹妹知道我的顾虑，特意向公司请了半天假，由她来照顾外甥，好让姐姐可以安心参加研讨会。

我千叮咛万交代，煮好的午餐在电饭锅里热着，儿子饭后半小时一定得吃药，妹妹"好啦好啦"地敷衍我。阿姨与外甥相见甚欢，又是尖叫又是大笑，说再见时，两个人连看都没看我一眼。

已经好久没到那个医院去了。开上高速公路，我努力回想着该下哪个出口、在哪里转弯。直到驶入那条双向八线的宽阔道路，看到远处连绵的苍绿山脉、桥下蜿蜒的银灰河川，我随即知道方向正确了。

因为回忆，如夏日蝉鸣猛扑而来。

第一次到这家医院，是陪着堂姐探访她病中的母亲，我的二伯母。当时我的学校就在医院附近，堂姐下班从台北赶来，我们便在医院会合。从小到大，我的暑假几乎都

◎ 盛夏

在堂姐家度过,堂姐妹犹如亲姐妹。二伯母经营一家早餐店,只要我来做客,每天早上都可以吃到她独门研发的美味汉堡,外加一杯奶香浓郁的绿豆沙。许多连锁早餐店纷纷提出优厚条件,要向二伯母买下汉堡肉的配方,但二伯母总是笑着说,安分做生意就好,荣华富贵不是每个人都能消受的。

陪堂姐去看二伯母,我其实没有太多感觉,只当作是姐妹聚餐。院区附近有家出名的面食店,我们边聊边喝小米粥,咬着浆汁爆溢的牛肉馅饼,好不惬意,癌细胞似乎远在天边。我一直以为癌症发现得早,二伯母只是短暂住院,不久之后就能回到店里,系着围裙做早餐。大学生活多姿多彩,社团与课业占据我所有心思,我没有用心看,看不出二伯母迅速地憔悴,看不见生命的脆弱和卑微。

直到我握着堂姐的手,站在近乎昏厥的她身边,目送着棺木缓缓被推入火场,我愣愣的,说不出一句安慰,震惊大过于悲伤。什么?这样就没有了?一个人可以就这么永远消失,尘归尘、土归土?

那几年,堂姐鲜少再来学校找我,因为不愿经过母亲病逝的院区。反而是我,去那个医院的次数越来越多。

停了车,我按着主办单位寄来的地图往会议厅走。快有十年未曾造访了,原本寥寥几家小吃铺,拓展成有如百货公司的美食街,人声鼎沸。咖啡厅、面包店、药局和礼品部,各式各样,应

30 年的准备，只为你

有尽有。变化太大，拥挤的人群中我全然失去方向，眼看会议即将开始，我直接到服务台问路。

"这个门出去右转，你会看到怀恩堂。怀恩堂之后再往上走就是了。"

怀恩堂？我记得怀恩堂。大学那些年，教会的人隔三差五地问哪个会弹琴的学生有空，说某某人的告别式在怀恩堂举行，需要伴奏。无论酷暑寒冬，只要当天没课，我便扛起那台齐肩高的电子琴，骑摩托车到怀恩堂弹琴。

我低着头，认真弹《奇异恩典》《是爱的神作我牧人》。亲友们哀痛欲绝，没人留意那位弹琴的陌生女孩。坐在会场的角落，我谁也不认识，只能尽心伴奏，陪伴一段未知生命的离开。哀戚的气氛里，我听到他或她的人生历程被述说，了解他或她的成长、奋斗、家庭与病痛。一个小时内，我认识了一个人，又马上失去了这个人。望向高高悬挂的照片，那张脸孔看来既熟悉又陌生。

回宿舍的路上，我不禁要想，当自己也这么没有选择地躺下，有谁记得？又将如何被纪念？

走向怀恩堂，日正当中，我后悔自己把车停得太远。如果是个微风轻拂的下午，这样散散步或许也不错。但烈阳晒得我汗流浃背，炙热似乎延长了路程，明明大楼就在不远处，怎么有种走不到的错觉？

◎ 盛夏

　　终于抵达会场。我气喘吁吁，马上被柜台人员引向签到处。仔细一瞧，与会者几乎都是教职人员，工作单位从幼儿园到高中都有，参加研讨会可抵用上班时数。研讨会并不对外开放，报名者必须通过主办单位的筛选，才能收到入会证。填写报名表时，我巨细靡遗地描述儿子的病情，会中讨论的议题对我而言何等重要。在工作单位和职业那一栏，我硬着头皮写下"家长"，迟疑了一会儿，又在"家长"前面加了"病童"两字。"病童家长"应该比较有力吧！我真的很想参加这场研讨会。

　　身边的女老师们一坐下来就边补妆边聊天，聊的多半是学生状况或学校政策，放眼望去都是三两结伴，叽叽喳喳。研讨会像是她们放松与交换心得的时刻，比较起来，打开计算机要做笔记的我似乎突兀了些。

　　灯光渐暗，大家安静下来。医生们轮番上阵介绍各种病症。我翻着讲义，儿子发病以来，我自修了许多相关书籍，上头写的我多半已经读过。正懊恼着自己好不容易来了却学不到新知，接着上台的医生说他将跳过学术理论，直接播放临床影片，从中比对病症。太好了！对我这样每天需要面对病患的照护者，案例比理论更为实际。

　　熄了灯，白幕缓缓降下。医生在连接投影片和计算机的同时，开玩笑地嘱咐众人别在黑暗中打瞌睡，随后却自言自语地加了一句："我想你们看了也睡不着。"

30年的准备，只为你

　　片子里记录着各式各样发病时不同状况的患者，并搭配他们的脑波图。屏幕上，我看见两张床，大床是病人，侧床是家属，影片上显示是凌晨三点零六分。病人沉沉睡着，脑波纹路平和地起伏，像是安稳的心电图。

　　"这是夜间录像，妈妈跟儿子都在睡觉。现在你们注意看病人的手，微微抖动……"医生拿着红外线笔灯，指向屏幕。

　　我注意看，那只手开始不自然地抽搐，他在抓什么？抓床边那个求救铃！但他在还没碰到前就失去意识了。脑波图高低上下弹跳着，越来越快，越来越快，直到整张白纸被黑线乱乱画着、速速涂满。病人全身抖得极厉害，整张床都在摇动，图表一片漆黑。此时，熟睡的母亲猛地惊醒，冲到病床旁边，按下那个儿子发作前来不及抓到的铃。

　　我轻轻地，把头倾向右边，再倾到左边。把眼睛睁大，让泪在里面转啊转的，没有流出来。

　　这才是第一个病人，还有第二个、第三个……每个人的发病不尽相同，可是从侧床上跳起来的父亲或母亲，神色都一样慌张。我听见有人在擤鼻涕，身边的女老师们拿下眼镜拭泪。屏幕中，有个与儿子年纪相仿的小女孩坐在病床上，医生暂停影片，先向我们简单介绍："现在我们

◎ 盛夏

要看的这个病患，是典型的点头式癫痫，此种发作最常发生于三岁以下的幼童……"

话没说完，大概是他不小心按到播放键，突然间，像是有人从小女孩的后脑勺使劲一推，她的头"砰"一声撞向床边护栏！全场"啊"的同声惊呼！女孩的母亲和护士连忙把她拉起来，撞击力那么大，小女孩却没有哭。

医生说："发作时是没有意识的。"

我知道。

医生继续说："所以她不知道痛，也没有哭。"

我知道，因为家里每天上映同样的画面。

脑部异常放电，就像一波波凶猛的海浪，每拍打一次，女孩就用力点头一下。我的眼睛再怎么睁也不够大，挡不住泪了。

大学毕业前一个月，因为剧烈牙痛，我只好踏进生平最厌恶的牙医诊所。例行检查后，当医生看到检查的片子时，他要求我马上去大医院找耳鼻喉科，并认为蛀牙的问题并不大，倒是牙齿上方的鼻腔里，有一块不正常的白色阴影。我不懂，牙痛怎么会是鼻子的问题，着急地问："很严重吗？"

医生催促着："我不敢说。你要做彻底检查，大医院就在附近，现在去还来得及加挂下午的门诊。"

初夏，湿热的风吹着吹着，吹到我骑摩托车的手居然微微发冷。我加挂到一位女医生的门诊，那片白色阴影原来是躲在鼻腔

30 年的准备，只为你

里的一块瘤。她要我有心理准备，为了把肿瘤挖干净，必须把脸剖开再缝上。

我吓坏了，噩梦连连，好几次梦到自己成为科学怪人的新娘。父母忧心地四处询问，终于为我找到一位耳鼻喉科的主任医师。一见到他，我担心的不是病情，而是劈头就问他是不是也要割我的脸？为了不破我相，主任医师决定使用内视镜手术，但因内视镜的角度有限，肿瘤可能清得不够彻底，他要求我至少一年内必须每个月定期回诊，况且此肿瘤再度复发的机会极高。

生平第一次，我住进医院，爬上冰冷的手术台，从麻醉中挣扎地醒来。虽然是个简单的手术，但鼻腔伤口不知为何感染而无法愈合，害我不能出院。伤口发炎，使我不仅发高烧，还痛，痛到眼前发黑。感官影响知觉，即使睁开眼，看到的只是茫茫一片。痛占据了所有感觉，任何人和事物映在眼底，对我来说都失去意义。

我来不及参加毕业典礼，国外研究所的申请也无限期停摆。出院时，同学们都已毕业，有些甚至开始上班了。那年夏天，我不得不向现实低头，放弃出国的愿望，顶着烈阳到处面试，终于被一家大公司录取，好心的主管甚至准我每个月请一天假，回医院定期追踪。即使保住脸蛋、得到好工作，我却变得愤世嫉俗。往医院去的车上，望着

◎ 盛夏

窗外的河，阳光闪耀，粼粼波光亮得刺眼。我讨厌，讨厌生命的无常，讨厌医院的白墙，该死的肿瘤会不会又再复发？这辈子到底能不能按我的计划生活下去？

生命待我不薄，肿瘤没有复发，我依自己的计划生活了近十年。出国读书、就业、成家后，再度回到这个岛屿生活，又回到这家医院。只是这次，不再为着别人或自己，而是因着那位听到蝉声会担忧的男孩。想起从前，我学会生命的功课了吗？有没有长大一点？

坐月子的时候，我总是向家人和朋友赞叹，儿子很聪明喔！每次喝完奶快打嗝的时候，都会眨眼示意。一个月后，我带儿子回医院打疫苗，医生正好目睹这个"聪明的行为"，随即将儿子转到脑神经科。经过种种检查，他们告诉我，眨眼是癫痫所致，儿子的脑叶有一个洞，他的智力和生长都将被影响。

于是，我再次被迫放下自己的追求，陪儿子住院、出院，喂他吃药，保护他发作时不受伤。我慢慢习惯医院的白墙，渐渐释怀于生命的无常。刚开始是出于无可奈何，因为光是过日子就已经太疲倦了，我累到已经没有精力去感觉，我只能妥协。妥协中，我静下心，才慢慢学着无尽的忍耐，学习真正的刚强。

散了会，我走出大楼，骄阳不再，早已蜕变成柔和的夕阳。打电话给妹妹说要回家了，问她想不想吃牛肉馅饼。她回答："怎么可能不想？"我们都笑起来。转个弯，我买了馅饼，再为

89

30 年的准备，只为你

儿子添了碗小米粥，继续上路。

我往前开，向晚的街道车水马龙，人人归心似箭。我开进车流中，天边彤红的晚霞镶着金边，徜徉在蓝紫色的天空里。宝贝，你在做什么？有没有听阿姨的话？妈妈不知道还能有多少个夏天，可以告诉你不要惧怕汹涌的蝉声；妈妈不知道你还需要多少个夏天，才能离开波涛起伏的病浪。

不管多少个夏天，妈妈都会陪你一起度过。宝贝，妈妈回家了。

◎ 画线

画线

> 每次康复师问我，锡安走完五分钟了吗？怎么这么快就放下来了？我都低着头。

是谁在我儿子的脑中画线？

一圈圈像是顽皮的孩子在墙上胡乱涂鸦，一团团有如猫儿将毛线球狂拉乱扯，那竟是我儿子的睡眠脑波图。

"怎么睡着了还有这种异常现象？不行，要找医生来看。"检查师喃喃自语。

锡安沉稳平和地睡着，我一直以为儿子睡梦时最不受病魔的侵害，看到了脑波图才知道，睡眠中仍然被攻击。肉眼看不到，只有机器才知道。该是高低起伏规律的波纹，竟纠结成一团，缠成乱七八糟的线。

30 年的准备，只为你

"那个妈妈又在打女儿了！"带着锡安坐在教室，我听见几位妈妈正在向康复师告状。

我见过那位妈妈，也曾被她的愤怒吓到。她长发及肩，白净匀称，穿着一点儿也不俗气。看得出当妈妈之前，或说有了生病需要康复的孩子之前，是个条件极优的女人。

但第一次注意到这号人物，不是因为看见姣好的面貌，而是听见一道尖锐的声音。在康复室里，上一堂课结束了，下一堂课尚未开始，三四个妈妈正陪着她们的孩子各自练习矫正器，或复习刚才老师教过的动作。我正蹲在门口帮锡安脱鞋，突然听到一个女人破口大骂："你做不做！你明明做得出来，为什么不做！"

我探头看，一个大约十岁的女孩要赖似的躺在地上。身旁的女人双手叉腰，面红耳赤地叫嚣，完全不在乎教室里还有人，也不担心自己的声音会吓到其他孩子。

"你要拖累我到什么时候？我要陪你到什么时候？"被骂的女孩不说话，也不愿起身，就这么摊着。

她越骂越气，一把将女孩拖起来，关进一个平常摆放康复器材的小仓库，指着女孩大吼："你做！你不做我就不放你出来！"

她"砰"一声把门关起来。原本沉默不语的女孩，一进入密闭空间就开始不停地哀叫："妈妈！我要出去，我不是故意的,我做不出来……"

她在门外踱步,没几下又贴着门大声问:"怎么可能做不出来?你再用力一点就可以做到!你做不做?你做我就让你出来!"

女孩还是哭着回答同样的话。

其他妈妈告诉我,她总是拉着女儿,气冲冲地来,气冲冲地走。她坚信她女儿能够达到所有康复师要求的动作,只是故意不做,故意偷懒。我不知道她女儿得了什么病,但若我有这样的母亲,我宁愿赔上性命也要做出她要求的,好让她不处罚我,不在众人面前谩骂我。

关禁闭还算小惩治。那天她当着众人的面,把女儿的脚打到又红又肿,连老师都忍不住开口劝导:"妈妈,你这样逼她没有用,只会让她对康复更反感啊!"通常什么场面都看过的康复师是不太干涉母亲如何教导孩子的,他们有太多人需要负责,没有时间停下来劝谁。

一位劝不动这位母亲的康复师同情地说:"这个妈妈每次带女儿上跑步机,都要求她做完半小时才可以下来,不能休息,还要走直线!其实这样的孩子能走八分钟以上,已经很不错了,没有人可以走到三十分钟,更何况是以直线走完全程!"

锡安也需要上那台跑步机,他每次被吊在上面,跑步机还没启动,他就开始声嘶力竭地哀号,走多久就哭多久。很多次,我都不到三分钟就偷偷把机器按停,每次康复师问我,锡安走完五

30 年的准备，只为你

分钟了吗？怎么这么快就放下来了？我都低着头，不好意思回答。

妈妈带儿子偷懒，真是不应该！如果我有那位母亲千万分之一的精神，锡安会不会更好？或许会。可是当我看见儿子豆大的泪珠、痛苦的表情，铁了心对自己说，如果儿子因为没在这个机器上练习到十分钟就不能走，那老娘我就扛他一辈子吧！

年轻的时候，总以为摆在前面的路就直直地走，有喜有悲的小插曲，可以接受；途中或有春夏秋冬，风景不同，但总不会差太多。没想到，前面的路可以乱成一团，可以全部改观。

我只能在复杂的线与线中摸索，想找出头绪，想尽力走直，却常是碰壁撞墙，灰头土脸。混乱将自己弄得彻底崩溃。

我完全明白那位妈妈的心情。她的愤怒与迁怒，她为了孩子失去的机会与青春，我只是没有明说。说那种目睹孩子越来越落后的焦急，说那种离开直线进入迷乱的遗憾，说那种早知如此何必当初的后悔。

看着锡安的脑波图，我悲愤却无法对他发怒。他不是故意把缠乱带给我，他教我而我仍在努力地学，学习如何乱中有序地生活。

◎ 变奏曲

变奏曲

  锡安发作的时候,像是触到高压电,眼睛翻白,双手举高。

  他怔怔的眼神里有好多话,刚开始我不敢看他。一天十几次这么下来,我不断逼自己直视那道目光,语气坚定地告诉他,不管你发作多久,妈妈永远在这里陪你。

  我抽出古尔德的《哥德堡变奏曲》,让CD缓缓滑进机器,听着不断回旋的音乐,读着随附简介:"变奏曲将乐曲最初呈示的主题不断反复,次数不固定,在反复过程中有变化,可以由不同的乐器配法在音色上求变。此种主题变形,又名变奏……"

  本质不变,表显改变;主题不变,呈现改变,所以就是"换汤不换药"的意思吗?外行人的我试着了解。

  这么说来,锡安也有一首属于他的变奏曲,他正活在一场"换汤不换药"的实验中。

30年的准备，只为你

两　难

锡安换新药，惊奇地没有发作了，却也产生惊人的变化。

他变得很暴躁，醒着的时候总是尖叫，睡了还会哭醒，醒来继续闹。用尽肝胆肺腑地狂叫、跺脚，声音都哑了，还依旧吼个不停。他愤怒地自残，奋力抓自己的脸，似乎下定决心要拔出耳朵、扯下头发。我抱他，试图安抚他，他转移目标，在我胸口上抓出一道道伤痕，用力咬我的肩膀和手臂，我痛得飙出泪来。

我很害怕，从没看过自己的儿子如此生气。

他哪里不舒服？我不懂，因为他不会说话。我抱着他，让他抓我咬我；我轻轻摇晃他，说对不起，妈妈真的不晓得你哪里不舒服。

医生说："这是新药，可能是副作用，依个人体质需要一至三个月的适应期。他没发烧感冒，肠胃蠕动一切都好，妈妈你要忍耐。"医生又问："怎么别的小孩都只是较为沮丧、想睡觉罢了，你的小孩竟然这么激动？"

我不知道，我不是医生。

不赞成我寻求西医治疗的朋友都说，西药有太多副作用，治标不治本。我还听过一位妈妈说，宁愿小孩因为抽筋变得笨笨的，也不要因为承受太多副作用而变成笨蛋。

◎ 变奏曲

我不清楚她孩子的情形。然而锡安发作的时候，像是触到高压电，眼睛翻白，双手举高。每抽筋一次，就瘪嘴一下，想哭又来不及哭，因为发作一波波地来，到最后只能无语问苍天地望着我。他怔怔的眼神里有好多话，刚开始我不敢看他，一天十几次这么下来，我不断逼自己直视那道目光，语气坚定地告诉他，不管你发作多久，妈妈永远在这里陪你。

曾经在诊室外跟一位妈妈聊天。交换心得时，她"非常羡慕"锡安的发作次数："一天才十几次喔！我女儿每天发作两百多次，一张A4纸都记录不完，你儿子现在吃什么药啊？"

我望向那个软绵绵地趴在妈妈胸脯上的女娃，心痛得说不出话来。

继续服药、换药、适应新药品，对我来说，已经不是让小孩变笨或聪明的选择。孩子在受苦，妈妈唯一的期盼是减轻他的痛。只要他不发作，不那么难受，老实说我连吗啡也愿意给他。

两难的定义很独特，它是结局好坏同等模糊的选择题，有一好就不能有二好。该去不感兴趣却名列全球百大的公司，还是去产业有趣却委身在公寓里的小公司？是否该放弃好工作一圆出国读书梦？该选择不怎么爱你，你却没他不能活的，还是那个永远在你背影守候的？该拔管结束痛苦，还是行尸走肉地靠机器假性活着？

人的一生会碰到许多两难，只是我没预料到有这道题：该让

30 年的准备，只为你

儿子忍受苦不堪言的副作用但无发作之苦，还是让他回复以往笑容，却被突如其来的抽筋搞成一副呆样？

菜　单

靠餐桌的墙上长期贴着一张A4纸，上面记录着锡安一天三次服用的药物、该什么时候喂他、是空腹还是饭后、药与药之间该隔几分钟。两年多来，两三种，甚至四种不同的药交叉配用着，尝试过的药品多达十几种。医生常因为锡安的状况难以控制而改变药物组合，没有惊人记忆力的我只能像是开餐馆似的，将一张张"本月特餐"在墙上贴了又撕，撕了又贴。

盯着被反反复复蹂躏到快要斑驳的墙，我想在纸上写着：

主厨推荐

前菜：鹅肝冷盘佐无花果酱或生菜色拉佐意大利酸醋酱

汤品：香芹菜冷汤或烤洋葱汤

主菜：蜜瓜香烤嫩鸭腿或八盎司肋眼牛排

甜点：火山熔岩巧克力蛋糕或焦糖布丁

饮料：意式浓缩咖啡、红茶或现榨柳橙汁任选或

◎ 变奏曲

是儿童特餐

前菜：炸鸡块或洋葱圈，各佐以青花菜和红萝卜块

汤品：玉米浓汤或南瓜浓汤

主菜：茄汁海鲜意大利面或鲑鱼炒饭

甜点：香蕉船（可选自制冰淇淋各三球）

饮料：各式奶昔或新鲜果汁

贴上新的白纸，我拿笔写上新药名、药量及种种注意事项。看着新的药单，想起我的菜单，心头突然涌起一阵恶心。

气　球

锡安只有在吃喝东西时不哭泣。

他到底是长期处于饥饿状态，还是根本不知道自己是饿是饱？喂他吃饭、给他喝奶，当他嘴巴忙着处理食物时，我才能享有片刻安宁。

可是我不能一直喂他。看着他不知是因为哭得用力还是吃得胀气而越来越大的肚子，我想，他会不会越来越圆，越来越鼓，终将变成气球飞上天？

他可能不是天上最大的一个气球，却是世界上唯一会哭的气球。因为他飞得太快太高，拿着饭碗的我来不及把饭塞进他嘴里，他又开始哭了。

30年的准备，只为你

孩 子

丈夫总是出差，我一个人二十四小时与锡安同在。

以为自己早已适应了持续不断的尖叫，其实不然。麻木地，在噪音中我坚持原有的生活，可是走到厨房却忘了要煮什么，拿了毛巾却记不起要擦哪里，擦儿子、擦自己还是擦地板？

他一直喊，一直喊，我听不见电话在响。当我终于听到响声接起电话，在他的尖叫中，我听不到对方的声音。

他不舒服，我也是。我有时候在想，我们一起从窗户跳出去吧！儿子，九楼不高不低，要过一下子才会抵达地面。

我不去想自己还能撑多久，撑一秒算一秒。面对哭到快休克的儿子，我做我该做的，带他去医院康复、喂饭、喂药、做家务。面无表情，我几乎不对他说话了，反正他吼得那么大声，也听不到我的声音；反正他听到了也不懂；反正我尽力维持自己跟他活着就好。

他自虐，我抓起他的手就打，大吼："不可以！"他哭得更大声，我只好放弃。帮他洗完澡，穿好衣服，我全身也湿了，把他放进小床里，他扶着床沿站着继续哭。我狠下心关上房门，他一个人在黑暗中叫得凄厉。

我湿淋淋地站在门边，冷得发抖，不知道要怎么办。

◎ 变奏曲

他还要喊多久？会不会抓伤自己？是不是该等他哭累睡着才离开？我好想冲个热水澡。

转开水龙头，我站在热水下，听着孩子声嘶力竭的哭嚎，分不清脸上那股热流到底是水还是泪。

面对生命不按牌理的猛烈出招，我发现自己根本没有招架的能力。我也只是一个需要被保护的孩子，连洗澡的时候也是。

30 年的准备，只为你

在你身边

> 锡安是从零开始，所以他有一点小进步你就会很开心。可是我儿子就像从一百分开始退步，我好害怕，他怎么会变成这样？我要怎么救他？

不久之前，你打电话来，问锡安的康复师是怎么教的，物理和职能治疗有什么差别，可不可以在不同的机构上课。种种超乎纯粹问候的细节，令我有点担心，报告完毕后马上问你："怎么了？"

身为罕病儿的妈妈（其实锡安也不属于罕病儿，到目前为止医生还说不出原因，也没有症候群可以归类，只是说罕病大家比较容易理解就是了），我很少有机会与其他妈妈分享师资或比较学校，除非彼此同为病童家属。孩子的状况带着母亲进入截然不同的世界，别人找的是音乐老

◎ 在你身边

师，花大钱培养小孩成为莫扎特；我找的是康复老师，花大钱只为了让小孩有机会唤我一声"妈"。听到你的问题，我当然乐意分享信息，却不乐见任何人需要这类帮助。

你开始说，儿子的幼儿园老师建议你带他去医院上课。"他不是都好了吗？"我问。

"是啊！我也以为他毕业了啊！"你有点烦，毕竟谁都不愿听到自己的孩子又得到医院康复。

我还记得那阵子，你的担心、祷告与得知孩子复原后的快乐，像是洗了一场桑拿。我们讨论，这点小问题有严重到必须康复吗？小孩都会耍点小脾气，都有喜欢与抗拒。这年头医学名词是不是太多了？太安静的就像"自闭症"，坐不住的就被说成"多动症"。

我们感慨，以前看来是问题儿童的某某现在不也很好吗！不过既然医生评估后也帮孩子排课了，我劝你，先不要因为它叫"康复"就排斥。把这种课当作潜能激发、体能训练，小时候就能把毛病改过来，总比长大定型后容易得多。你叹口气，算是同意了我。

你很认真，大量搜集相关资料。我因此也受惠，只要是跟锡安沾上一点边的讯息，你马上就转寄给我，还收到许多你看过的书。如此百分百地投入，也激励我主动吸收信息，不只是被动地上课。

30 年的准备，只为你

　　当孩子从康复课毕业，过来人的你知道锡安仍需奋斗，常常为我打气加油。晚上我们通电话，你会带着儿子一起为锡安祷告，听着他用稚嫩的声音轻轻说："请保佑锡安弟弟健健康康。"我想，就算神不听我的祷告，也会听你儿子的吧！

　　虽然儿子好不容易离开医院又得回去，感叹之余，你仍旧乖乖配合。我们都推测这次会如同上次一样，很快就可以毕业了。

　　那天晚上十一点多，你打电话给我。你不是夜猫子，这么晚打来又声音紧绷，害我也跟着紧张起来。

　　你说，幼儿园老师希望儿子别再来了，先到医院上课，还建议你去大医院咨询。你以为他只是爱玩不专心，没有老师们说的那么夸张。直到前几天陪孩子上课，不到十个字的句子他居然背不起来，等到要上台跟同学们一起表演了，他瑟缩在你身后不肯往前。

　　你威胁又利诱，众目睽睽之下终于发怒了："我告诉你，你什么都没有了！没有卡通，没有玩具，除非你现在出去表演，要不然我全部没收！"

　　即使如此，他仍旧不愿往前。回家，你收起脾气，好好再教他一次，却发现从前不必二十分钟就可以记起来的句子，现在一个多小时了，儿子还背得零零落落。

你抿住嘴不说话，他担心地不停保证："妈妈，我下次一定会背起来；妈妈，我会更好，跟其他的小朋友一样……"

说到这儿，你哭了。你问我，是不是你的错，你是不是个坏妈妈。

你懊恼，怎么没有注意孩子的变化呢？怎么会不知道他变成这样呢？你要我原谅你接下来要说的话："锡安是从零开始，所以他有一点小进步你就会很开心。可是我儿子就像从一百分开始退步，我好害怕，他怎么会变成这样？我要怎么救他？"

曾经，锡安因为服用新药，一夕之间发作全无。你可以想象我的快乐。我开心地想，没发作就代表他的脑子不再放电异常，放电不异常就不会伤害到脑细胞，脑细胞不被伤害，他的发展就要跟其他的孩子一样了呀！会说话，会走路，说不定还可以弹琴或者踢球！我跟其他的妈妈一样，开始为孩子编织似锦前程。

六个月后，锡安又发作了。无论是增加剂量，还是再换新药，零发作的时间越来越短，三个月、一个月、两个星期……然后故态重萌。医生的诊断是他体内具有抗药机制，用过的药物越多，越无法压抑异常分子，药物抵抗病情的时间因此缩短。

我永远记得那六个月里纯粹的快乐。可惜人生可以在前一刻行走于云端，下一秒直接溺毙于深海。磨难多了，忍耐是第一个功课，学会忍耐，面对各种状况就比较从容了。满怀希望是不被情绪影响的最终结果，这很难，我还在学。

30 年的准备，只为你

　　我想起知道锡安生病的第一年，你总是打电话来，叮咛我不可以躲起来，无论锡安如何，我们都要陪他一起长大。

　　我想起你找数据的冲劲儿，你看到适合的方法就带着孩子实行，知道的比起幼教老师有过之而无不及。你的问题，我没有能力回答，只能陪你祷告。我不知道这次只是一段短短的经历，还是一辈子的遭遇？我不知道这条路有多远，什么时候我们的宝贝才会好转？但我知道你是个好妈妈，儿子的病不是你的错。

　　我也知道无论孩子们将来如何，我都会在你身边，就像你在我身边一样。

◎ 嘴角上扬的权利

嘴角上扬的权利

在困境中，笑出来真的比大哭一场难得多。

我一直盯着那双烂烂的蓝白拖鞋。

夹脚拖鞋脏脏的，白底转灰，黑色的鞋垫看不出它曾有的深蓝。鞋底几乎被压平，踏着拖鞋的那双脚有着黝黑的肤色，后脚跟皮肤粗糙、严重皲裂，大概需要两次全套的足部去角质疗程，才能回复它原有的面貌。

我低着头，以四十五度角死命地盯着这双蓝白拖鞋，因为它的主人就挡在我正前方。窄窄的人行道上，推着婴儿车的我想超前却一再失败。我往左，蓝白拖鞋刚好向左偏；往右，蓝白拖鞋又恰巧向右靠，我找不到缝隙往前钻。

30 年的准备，只为你

又到了秋老虎的季节。风很大，太阳也很大，两者互不相让，风吹得我睁不开眼，太阳晒得我发晕。没办法超车，我只能放慢脚步，安慰自己，康复课还没开始，慢慢走，别那么着急。

认命地跟在后面走，我听到串串大笑，抬起头，努力睁大被风吹到微眯的眼，这才明白为什么蓝白拖鞋总是左晃右摇。蓝白拖鞋抱着一双皮卡丘凉鞋，两个人或许是父子，爸爸不断逗儿子笑，在他耳边说悄悄话，儿子仰天长"笑"，边笑边踢脚，"皮卡丘"摇摇欲坠，就快飞到我脸上。男孩身体不平衡，爸爸连忙紧紧抱住他。抱紧了，又开始逗儿子，儿子也很给面子地继续哈哈笑。

爸爸背对着我，我只能看到男孩的脸，一眼就知道那是个特别的孩子。他和其他孩子一样，眼睛、鼻子、嘴巴都长在脸上，也长对地方，却怎么看都是不对劲儿。可是他笑得好灿烂，在狂风烈阳下尽情欢笑，笑得连我都想贴近他们，看看到底是什么事、什么动作，能够让人这么开心。

能笑是好的。不久以前，我才从医生那里学到，笑是一种可以被失去的能力。那时候，儿子从对我呜呜叫、咯咯笑，到毫无反应，只有一个晚上。一夕之间，他失去表情，不发声音，像个小小的、会呼吸的雕像。

原来，即便是一个牵动嘴角的本能反应，如同笑，也

◎ 嘴角上扬的权利

可能随时被褫夺。没有什么能力是与生俱来或永远存留的。

我问医生："他怎么不会笑了,昨天还好好的啊!"医生告诉我:"笑或说等情绪,都由大脑控制管理。如果那部分的脑叶受伤了,不管哭或笑,孩子有可能永远无法表达情绪。""那我该怎么帮他?我能做什么?"医生安静了。我记得他眼底的无奈,你要怎么告诉一个绝望的母亲,其实她什么忙都帮不了,只能在一旁目睹孩子的病痛或失去,却什么都不能做。

那一年,医院近乎成了家,熟到我记得热水器几点会自动沸腾,洗好的被单、病服何时会放回大柜子里。楼层中,单人、双人病房,我都数得出来;早班、晚班和大夜班的护士,我也叫得出名字。

一次次陪儿子住院,起初我总是哭,如果医院有长城,我不知哭倒了几座。然后我怨天尤人,气到在医院打枕头泄愤,慢慢地我学会了麻木的艺术,拒绝感觉痛苦。

种种转折,想必我控制情感的那块大脑应是功能良好,要不然怎么可能有这么多的层次啊!

最后我笑。妹妹来医院探望我们,姐妹俩看锡安呆呆地躺在病床上,不是睡觉就是瞪着天花板,一动也不动。妹妹可以说的安慰话都说完了,我能哭、能抱怨的都没力气发泄了,四目相对,灵机一动,锡安如此安静乖巧,其实是最适合做造型的时候啊!妹妹把头巾摊开,包住锡安的整颗头,在下巴打个结。哎

109

30 年的准备，只为你

呦！真是个纯情的采茶女！

锡安原本没有反应，大概是被弄得有点烦，他撇了撇头，绑在下巴的头巾马上就松开了。

"喂！你儿子的头好大喔！头巾居然绑不住他的头耶！"妹妹开始咯咯笑，我也忍不住笑出来。

妹妹从包包里拿出发夹，我把头上的发圈摘下，锡安忽男忽女，造型千变万化，每做出一个造型，妹妹还用手机拍照留念。妹妹笑到弯腰，我则是连眼泪都笑出来了，趁着隔壁床的病人出去做检查，整个病房都是我们的哈哈大笑。连晚班那位严肃的护士来换点滴，看到锡安也笑了。她还描述给其他护士听，以致病房不时有护士进来参观。我怀疑，她们到底是来看大头宝宝被恶搞，还是看可怜妈妈已经疯了？

我止不住地笑，现在想起来真是有点神经了，而那些造型似乎也没那么有趣。可是大笑之后，我有种说不出的舒畅，心头压着的那块大石似乎被笑声震碎了一部分。至于笑出来的鱼尾纹呢？就当作是智慧的累积吧！

从此我学着笑，学着喜乐。这很不容易，因为在困境中，笑出来真的比大哭一场难得多。如同逆流而上，穿过所有伤心的汹涌急湍，上扬嘴角的努力必须像鲑鱼洄游般的奋力。我望着前头的父子，也跟着他们嘴角微弯。能笑

◎ 嘴角上扬的权利

真好！无论如何，歌唱胜过叹息，生存总胜死寂。所以我总是提醒自己记得笑，不是因为知道明天会更好，而是明白"笑"是一项权利、一种福分，一个被赋予而非失去的功能。能笑是福气，微笑好，大笑更棒！只要愿意，没有任何人或事物能夺走我嘴角上扬的权利。

30年的准备，只为你

十四

> 我胆战心惊地看着、数着，你挥舞手臂平衡身躯，你眼睛紧盯前进方向。没有失足跌倒，没有脚软坐下，你伸出双手，在第十四步，投入我的胸怀。

当我数到十四的时候，许多不悦甚至丝毫不被留恋的画面蜂拥而至，历历在目，刺眼到令我双眼模糊。

我看见你第一次住院。你是那么的小，小到可以在床上横躺着，转个三百六十度还不会翻下床。

我看见你，忘了是你第几次住院，频繁注射点滴的结果，让你的两只手已经找不到可以埋针的血管，于是护士往你脚上去找。两个护士和我一起压住你。脚上的皮肤比较细薄，比在手上扎针痛上百倍。你不会说话，却没有大哭大叫，豆大的泪珠从你眼中滚出来。

◎ 十四

护士惊奇地赞叹:"弟弟,你好勇敢啊!"

看你不反抗,我更心疼。来不及擦眼泪,因为双手还抓着你的大腿,我猛吸鼻子,怕鼻涕滴下来。护士看着我说:"妈妈,儿子都没有哭喔!"

回到病房,你喷喷地吸着奶嘴,觉得怪怪的,低着一颗头仔细研究脚上的针管、绷带和保护板。虽然好奇又不舒服,虽然我没有教你不可以触碰,你却知道,这根针需要被埋在脚里,所以你没有摸。

我看见你被塞进圆筒内,你还不会爬,康复师在前头拉你,你仍然动也不动地趴在圆筒里。康复师用力摇晃圆筒,你随着滚动直接摔出来,顺便吐了一口奶。

我看见你垂头丧气地被拴在站立架上。你的膝盖撑不起自己的身体,康复师不准你屈膝,我在你的膝盖四周塞满毛巾,好使你即使脚软也不能跪下。你的确直挺挺地站立了三十分钟,脖子却软趴趴的,下巴就快掉到胸前,神情一点儿也不符合雄赳赳、气昂昂的身躯。

我看见你走在跑步机上,整个人被吊起来,一脸忧郁;看见你脚踩铁鞋,小腿绑着沙包,举步维艰。

我看见好多个你,一起向我走来。你走出来时,没有矫正鞋,无需搀扶;没有铁架,不绑吊带。我胆战心惊地看着、数着,你挥舞手臂平衡身躯,你眼睛紧盯前进方向。没有失足跌

30年的准备，只为你

倒，没有脚软坐下，你伸出双手，在第十四步，投入我的胸怀。

两岁十一个月，你向我走来。生命本身就是奇迹，从前我听过，如今我怀抱。我紧紧拥住你，不完美的生命更得以见证完美的神迹。

辛苦你了，锡安。你好棒，妈妈永远爱你。

她的名字叫奇迹

"嘿!不要放弃希望,你忘了女儿的名字吗?她叫Miracle,奇迹耶!"

过了一会儿,她弹出一排字:"对!我不会放弃的。"

　　第一次看到她、她还有她时,我的嘴巴微张。还好除了儿子,没人看见我呆住的傻样。

　　有两个她几乎一模一样,若不是从衣服区别,一定分不出来。一个她穿着深蓝刷白靴型裤,咖啡色的V领上衣,棕发挽成髻,脸上一副复古黑色胶框大墨镜,活像奥黛丽·赫本从《第凡内早餐》里走出来。另一个她则是浅蓝色小喇叭裤,白色小背心套上桃红针织衫,米色丝巾围绕颈间,卷发扎成马尾晃啊晃的,青春洋溢。

　　最后一个她粉粉嫩嫩,发上夹着蝴蝶结,灰色小洋装下露出

30年的准备，只为你

七彩Leggings，鹅黄圆头软鞋，可爱到让人想要咬一口。

三个辣妹一起坐下，就坐在我身旁，我深吸一口气，淡淡香水阵阵飘散。

这种装扮有什么稀奇？台北东区比比皆是。然而在颜色黯淡的康复室里，妈妈们普遍拥有"我没空照顾自己"的发型，酒精是最安全的香水、最熟悉的味道。当孩子必须练习高难度的动作，鼻涕、眼泪、口水流个不停，翻来覆去，扭来爬去，最适合地板运动的衣服与抹布相差不远。

我总是为锡安穿最舒服，但绝不是最可爱的衣服。自己一身不怕脏的黑，黑到儿子的鼻涕黏在身上也没人发现。所以当我坐在教室地板上，一手抱锡安，一手抄笔记，抬头看见三位在东区才会出现的潮女，闻到加了酒精却不是酒精的香味，精神为之一振，眼睛就此舍不得离开。

她们不仅衣着令人抖擞，连说话也是。

两位优雅轻熟女加上可爱妹，老师问谁是妈妈。原来复古墨镜是阿姨，俏马尾是妈妈，她们澄清两人虽然长得像，却不是双胞胎喔！

那堂课，老师要求妈妈们依教材讲故事，一个一个讲。妈妈们平时在家讲给孩子听，什么腔调都可以，可大庭广众下，全都一板一眼、死气沉沉，老师听了直摇头。

最后轮到新同学俏马尾妈妈，她嘟嘟囔囔，发出好比林志玲的声音，滴滴答答开始说故事，狗吠鸡啼、猫喵鸟啾，只差没说腹语。不仅妈妈放得开，连阿姨也加入声效行列。

俏马尾妈妈："MiRuKo你看喔！这里有一只小青蛙呱呱呱，跳到小池塘……"大墨镜阿姨紧接着："扑通！扑通！"

妈妈："然后有一只牛牛走过来吃草草，MiRuKo你摸摸牛牛呀！"阿姨当仁不让："哞！哞！哞！"

我再次嘴巴微张，这对姐妹真是太神奇了！连不喜欢上课的锡安也停止扭动，安静地听她们一搭一唱。老师给予她们满分肯定，要求所有妈妈都该这么讲故事。

我很喜欢跟她们一起上课，那种参加派对的精神感染了整间教室。她们不仅称赞MiRuKo，也不吝惜鼓励其他的孩子。

锡安曾多次令两位阿姨拍手叫好，让我心花怒放，觉得自己的儿子真是不可多得的奇才！其实他只是把一颗豆子放进碗里罢了。连一向严肃的老师也因姐妹花放松许多。

"老师，你长得好像女明星喔！有没有人说你像刘若英啊？"老师不好意思地摇摇头，双颊飞红。老师示范教材制作，大家依样画葫芦，MiRuKo妈妈边做边说："老师，看你的作品，以前家政分数也不会很高吧？"我心中窃笑，哇！妈妈你居然敢调侃老师，真是不知好歹！

30年的准备，只为你

我一直不懂，MiRuKo，米鲁可？这是什么名字？大概是妈妈喜欢日本某部跟狗有关的温馨电影，才给女儿取个这么特别的小名吧！

较为熟识之后，我才知道，她们每星期都花两个小时的车程来上课，姐妹俩轮流开车。妈妈还在上班，常常出差，阿姨于是放下工作，全心照顾妹妹的孩子。

MiRuKo妈妈与我有许多相似处，不仅同年，也是第一个孩子就得面对如此挑战。我们都有至死不渝、永远支持的娘家大队，学生时代都讨厌家政课，如今一起哀号孩子的劳作简直要人命。我们都忙，网络上遇到还是会聊个几句，彼此问候，分享最新的特教信息。

有次上课空当，我终于问她："你们家妹妹到底叫什么名字啊？是日文喔？"

她哈哈笑，"不是啦！是英文，Miracle。"

"是吗？怎么听起来超像日文的？"

"因为她奶奶发音不标准，把'Miracle'讲成'密卢扣'啦！"

我想起"密卢扣"奶奶，她曾陪孙女一起来上课。大家席地而坐，只有她一个人站着，显得又高又突兀。老师客气地问奶奶要不要坐下。她连忙说站着就好，老人坐在地上会爬不起来。但，总不能站一堂课吧？老师、妈妈和孩子们都望着她，奶奶很不好意思，连忙找个绿色小椅子靠墙坐好，双手乖乖地摆在膝盖上，好可爱的一位老人家。

原来，"MiRuKo""米鲁可"和"密卢扣"都是Miracle！我也笑了："你不说我还真的听不出来啊！这名字未免变形得太厉害了吧！"

已有半年，锡安跟Miracle不在同一班上课了。教室里少了缤纷色彩、欢欣鼓舞，又回复正经上课的气氛，我很想念她们。

从博客上，我看见Miracle会抬头、吃稀饭和看电视了。那些一举一动，对正常的孩子来说天经地义，我们的孩子却无法自然发展，需要不断练习才有可能达到。我为Miracle高兴，更为她的奶奶、阿姨和父母的付出感到欣慰。在网络上遇见Miracle妈妈，我恭喜她："你家妹妹进步好多啊！"

"我才羡慕你呢。我在博客上看到锡安又跑又跳，好棒啊！妹妹不知道还要多久才会走。"

我明白她的感受，却知道这些过程没有人可以替她走。曾有医生告诉我，锡安这种肌肉低张力的孩子，能够行走的机会不大。即使如此，我仍旧带他上课，绑铁架，穿钢片矫正鞋，我忍耐、等待，三年多来，一轮又一轮的康复像是没有尽头。直到有天他扶着桌子站起来，放开扶手自己走，我激动到不敢尖叫，不能动弹，呆呆地看着儿子向我走来！

"嘿！不要放弃希望，你忘了女儿的名字吗？她叫Miracle，

30年的准备，只为你

奇迹耶！"

过了一会儿，她弹出一排字："对！我不会放弃的。"

她要下线了，明天还得出国看工厂。我也没时间，要准备晚餐。我们以一起加油作为结尾，谁也不敢喊累说放弃。

有人等待神迹出现，但是神要做工，人也得配合，我们每天都在创造神迹，孩子的每个进步都是惊奇。Miracle，这名字取得真好，每个孩子都是神的杰作，但只有相信奇迹、坚定恒忍的妈妈，才有机会见证孩子的奇迹。

五字诀

人可以有"最坏的打算",但不能活在"最坏的打算"中。

恐惧有益处

锡安一直哭叫,豆大的泪珠从他眼眶里不停滚出来,说不心疼是假的,但我一点也不担心。男老师身强力壮,锡安在他手里不致跌落,何况锡安经历太多难度更高的动作,这个练习应该不算太痛苦。

锡安站在滚筒上,老师轻轻把滚筒左右转动,练习的唯一要求——只要在滚筒上稳稳站好。不必吊绳子或绑铁架,站着就好,可是锡安吓得要命、气得要死,双脚不停发抖。他瞪着我哭,瞪得我有点羞愧。我垂下眼帘,不断地安慰他:"等一下就

30 年的准备，只为你

好了。"

我骗人，半小时的课其实才上了五分钟。

三十分钟连续不断的哭声和尖叫领我进入超然境界，觉得自己好像正在观赏《百战百胜》的娃娃实境秀。锡安不习惯又害怕，因为从来没做过这个动作。我问："老师，这是要练什么？""还是一样，练他的平衡感。"

锡安会走路，但平衡感与耐力都很差，走一会儿就跌倒，要不然就直接坐在地上，以"醉汉"形容他的姿态再适合也不过了。在我看来，平衡感训练的难度比教他走路还高。锡安每课必哭，一方面是动作难，再来我推断他已经有了一点认知能力，却仍旧不明白我们到底要他做什么。他很生气，拒绝配合，气到拿头撞地板，好几次弄到鼻血直流。

每每儿子在康复室里看着我大哭，我都仿佛听到他喊："妈妈，我已经会走了啊，为什么你还要带我来这里，让他们不断地把我推来拉去？"

"你看，"老师继续说，"他的脚板和膝盖都在平衡身体，因为害怕。"

站在滚筒上，锡安晃得厉害，当他终于取得平衡，站得比较稳了，老师又微微地摇动滚筒。眼看就快跌下来，即使惊惧地哭喊，锡安仍赶紧伸出双臂平衡身躯。没有扶手,他只能靠自己站在滚筒上,老师顶多扶着腰间,或在他要放弃的时候,硬把他拉起来站直。

他当然害怕,我也会害怕,若是我不懂其实老师只要我站着就好,不懂妈妈带我来这里其实是为了我好。

老师向我解释:"因为害怕,他会学着调整自己。你看,他会随着滚筒的方向转移重心。他平常随便乱走乱跑乱爬都是因为不害怕,你让他站在滚筒上,他怕了,就会小心,会开始学着控制身体。"

或许,所有的负面情绪偶尔也能带来正面的功效。如果我不被情绪吞噬消耗,如果我可以调整姿态和脚步,便能随着痛苦和恐惧,转移重心。

最坏的打算

最近常听到"最坏的打算"这五个字。

他们有的是我的亲朋好友,是在各个领域学有专长的专业人士,他们都是一片好心。我没有语带讽刺,他们纯粹是为了锡安与我的益处,才说出这五个字。

他们说,你要有心理准备,做最坏的打算。你的孩子有可能不会说话,认知能力可能会停滞,他这一生能够自理已经很好,不要期望太多。多为他存点钱,你没办法照顾他时,才能负担一个合适的地方好安置他。

30 年的准备，只为你

　　你的先生总是在出差，你无法得知他到底在做什么。为了自保，女人少说也要存点私房钱。还有，要不要搬去跟父母一起住？有人帮你一起带孩子，才像个家啊！

　　他们说了就走，留下我继续过日子。他们有自己的生活、自己的难处，不知道他们是不是也有许多"最坏的打算"得面对？

　　他们走了之后，老实说，我有点灰心。一次，正当我把奶粉、尿布装进外出袋，准备开车载锡安去上课，心里突然涌起强烈的厌恶感，我不想去！不想抄笔记，不想看儿子哭，不想试着从这些拼死拼活的练习中领悟生命的真谛，真是烦透了！如果那些最坏的终究会来，我在这里奋斗有什么用？

　　晚餐时，我向孩子的爸爸叙述自己的心路历程。他劈头就问："所以你们今天没有去上课？"

　　我说再怎么烦，为了儿子还是得去。"对，你不能放弃！他不去上课要怎么进步？"

　　我不可思议地望着对面这个男人，他难得在家，好不容易可以跟他吐吐苦水，他真是不懂如何安慰人。听他训话，告诉我不可以任性，儿子的进展全看我的坚持。我心想，你陪儿子去过几次医院？又带他去上过几次康复课？工作赚钱是护身符吗？放弃事业在家带小孩，真是我做过的"最坏的打算"！

我瞪了先生一眼，转头喂儿子吃饭。他却开始闹脾气，小手一挥，汤匙高飞，饭撒得满地都是。我狠狠打了他的手两下，压着他的头，要他看地板上那团混乱，"以后不可以这样！不、可、以！"

看到妈妈刹那间变成母老虎，儿子哭了。孩子的爸爸到厨房拿了一支干净的汤匙，自言自语地说："来，爸爸喂你。妈妈很辛苦，要带你去上课，你要听妈妈的话，要不然爸爸又要被妈妈瞪了。"

我把汤匙捡起来，把地板擦干净。走进厨房，听着父子俩嘻嘻哈哈的笑声，我深呼吸。

是的，儿子的发展缓慢，将来具备谋生能力的希望渺茫；是的，丈夫总是生活在我视线难以企及的地方，我无法证实他的所言所为，信任是与他共度人生的唯一选项。

人可以有"最坏的打算"，但不能活在"最坏的打算"中。毕竟最坏的要来，躲也躲不掉，人生本该有打算，但不该只是为了避免"最坏"、想着"最坏"，直到被"最坏"笼罩。

美好是结局

网友小美曾在我的博客上留下一段话："有时候，我会以在看一本真实小说的心情来看锡安和你的故事。而我也坚信，到这

30年的准备，只为你

本书的最后，就会像许多励志故事一样，出现许多生命的奇迹，走到完美的结局。"

提到完美的结局，我都会想起二〇〇八年北京奥运会出现的两个名字——菲尔普斯和刘岩。

那年，菲尔普斯以八面金牌的成绩，成为史上在同一届奥运会中拿下最多金牌的运动员。才二十三岁，他就在游泳赛中摘下十四面金牌，打破世界纪录，所向无敌。

当时我恰巧有机会前往北京，菲尔普斯的名字遍及全城，报纸、杂志、电视新闻争相报道他的奋斗历程。他出身单亲家庭，由母亲拉扯长大。他幼时被诊断出"多动症"，因为社交能力低落而被同学排挤。无法定下心学习的结果，导致他常被师长当作问题学生处理。

菲尔普斯的母亲带着儿子四处请教医生和特教老师，决定让这个众人都放弃的儿子尝试各种体育项目，全力支持儿子的兴趣，不再强求课业上的表现。

其中，菲尔普斯最喜欢的运动就是游泳。这一游，游出了生命的奇迹。谁能够想象当初课堂中捣蛋的过动儿，如今成为奥运游泳史上成绩最辉煌的运动员？

另一个铭刻在我心上的名字，叫做刘岩。刘岩出生于内蒙古呼和浩特市，九岁时背井离乡，考上北京舞蹈学院，独自留在北京习舞。由于她起步得晚，和那些三岁就

◎ 五字诀

开始练舞的同学相比，简直就像个业余舞者。但她的意志坚强，老师们后来回忆，刘岩除了吃饭、喝水和睡觉，每刻都在练舞，甚至克服了身形上的缺陷，做得出同侪做不出的高难度动作。她开始在每支舞蹈中扮演主角，获奖无数，成为舞蹈界最耀眼的新星。

二〇〇八年，刘岩被名导张艺谋钦点，在北京奥运会开幕式中独舞《丝路》，这是何等崇高的荣誉，是全世界目光的焦点！辛苦练舞、忍受淤青十几年，不就是为了这完美的一刻？

开幕式前十天的彩排，刘岩因一秒之差，从三米高的高台摔下，颈部着地，颈椎碎裂，骨盆粉碎性骨折，下半身完全瘫痪，永远无法行走，更遑论跳舞了。奥运会开幕的那晚，《丝路》成为他人的独舞，刘岩躺在病床上，被诊断为终生残障。

菲尔普斯的努力使他功成名就。我还记得颁奖那天，菲尔普斯把得到的金牌全挂在脖子上，指着观众席上的母亲，含泪给了她一个飞吻。

母亲早已热泪成行，她起立为儿子鼓掌。目睹这一刻，许多观众都跟着母子俩激动地流泪。

刘岩的奋斗却使她如流星陨落。当我听到刘岩重伤，心想，命运真是跟她开了一个大玩笑！要跌，也该在表演之后跌，怎么跌在彩排时呢？风头尽被他人夺去，早知道做个平庸之辈就好了，至少现在还能走，还能跳，不必靠轮椅度过余生。

127

30年的准备，只为你

我常常想起他们，两个八竿子打不着的人，他们都曾以极大的耐力与恒心往目标迈进，却在二〇〇八年成为最极端的对比。他们如今在哪里？做些什么？菲尔普斯是否能维持完美的纪录？刘岩能否发现生命中的另一段美好？

奇迹与完美其实是一种心想事成的精神鼓励，即使所有条件都齐备，也不能保证就能功成身退。锡安与我这一生能不能创造生命的奇迹？将来会不会达到完美的结局？我不敢说。但我们不会逃避，做所当做的，好坏都接招，逆流而上，不进则退，结局如何，得用一辈子才知道。

留下最后一支舞,给我

> 在我怀中,我们一起轻轻旋转,我身上的背心都湿透了,但你毫不介意,紧紧抓着我,把头埋在我的肩膀上。

我扫地,你摇摇晃晃走到我身边,抓起风扇的电线就要咬。我拖地,你跟随我的脚步,一路爬进浴室,一颗大头就要探入水桶中。你擅长危险的游戏,跌倒撞伤了,号啕大哭后马上忘记上一秒的惨剧。我没办法又做家务又看着你,只好把你放进婴儿床。

你哇哇大叫,使劲抗议,生气地跺脚又抓头,像是个无罪却被关进大牢的囚犯。我赶紧献上玩具,心想大概可以撑个几分钟,然后加快拖地速度,幻想自己是大师,挥毫现墨宝。

歌曲随机播放,我把音量转到最大,忧伤情歌后紧接着轻快

30 年的准备，只为你

的音调。对嘛！我心想，做家务就是需要这种音乐！我的脚步轻快了起来，汗顺着额头、耳根、背脊不断滚下来。仔细聆听歌词，原来是个男孩对女孩的殷殷叮嘱。

You can dance, every dance with the guy / 每个晚上，你可以跟那些爱慕你的男孩跳舞

Who gives you the eye, let him hold you tight / 让他们紧紧拥着你

You can smile, every smile for the man / 你可以对他们微笑

Who held your hand neath the pale moon light / 让他们在皎洁的月光下，执起你的纤纤细手

But don't forget who's takin' you home / 但别忘了，谁将带你回家

And in whose arms you're gonna be / 谁才是你真正倚靠的臂弯

So darling, save the last dance for me / 所以，亲爱的，记得留最后一支舞给我

你听到咚咚的爵士鼓、高昂的小喇叭，马上丢下手中玩具，扶着床沿站起来。你喜欢音乐，对声音极其敏感。

◎ 留下最后一支舞，给我

我九个月的胎教没有白费，你连在人声鼎沸的百货公司听到微弱的广播，都要热切地寻找声源。节奏明快的旋律尤其挑动你的神经，你不断拍手。

这是个手脑并用的极佳练习，听到音乐产生反应，表示你的大脑正在接收讯息，不仅如此，大脑居然进而传送讯息，教你举手鼓掌，这是何等的进步！

我转头，满心欢喜地观察你。你奋力拍手，用力到双颊都涨红了。你一边拍手，一边认真地盯着我看！亲爱的，你拍手是为了要我看见你吗？

　　Baby don't you know I love you so／宝贝，你难道不知我的情意？
　　Can't you feel it when we touch／当我俩相拥，难道你不能体会我的深情？
　　I will never never let you go／我永远舍不得让你走
　　I love you oh so much／我是如此爱恋着你

我称赞你："大头，你会拍手哪？你好厉害、好棒喔！"

你很得意，哈哈笑又呜呜叫，用你自己的语言发表得奖感言。看我边拖地边移向你，你高兴地在婴儿床里转了三圈。仰起头，你殷切地望着我，向我张开双手，抱！你好似在说："妈妈

131

30 年的准备，只为你

抱我！"

  Oh I know that the music's fine／喔，我知道，仙乐飘飘

  Like sparklin' wine, go and have your fun／有如美酒闪烁的发泡，那么去吧！

  Laugh and sing, but while we're apart／尽情欢乐，尽情地笑与歌，但我们分开的时候

  Don't give your heart to anyone／芳心莫属任何人

  我向你张开双臂，我怎么能让你失望？拖把应声倒地，我从婴儿床里把你抱起，你双脚飞踢，兴奋尖叫。

  在我怀中，我们一起轻轻旋转，我身上的背心都湿透了，但你毫不介意，紧紧抓着我，把头埋在我的肩膀上。

  我左摇右晃，你不怕了，抬起头来对着我笑，我们跳舞，鼻尖贴鼻尖。你是儿童界的壮汉，我越来越喘，只好把你放回地面。

  你意犹未尽地望着我，也不管身旁四散的游戏垫、扫把、水桶和拖把横七竖八，无所谓，我们大手牵小手，随着旋律跳恰恰。

◎ 留下最后一支舞,给我

You can dance, go and carry on / 你可以尽情旋转

Till the night is gone / 直到良辰将尽

Cause don't forget who's taking you home / 千万别忘了,谁将带你回家

And in whose arms you're gonna be / 谁才是你真正倚靠的臂弯

So darling, save the last dance for me / 所以,亲爱的,记得留最后一支舞给我

Save the last dance for me / 为我,留最后一支舞

儿子啊!妈妈这辈子大概就这样了,在应该为事业冲刺的黄金岁月里,在家拖地跳恰恰。或许有些遗憾,但从不觉得后悔,一切都在每支与你的共舞中得到补偿。

只是,若我将来人老珠黄,坐在角落当壁花时,俊挺的你周旋在众女子的爱慕眼光中,可别忘了老妈。要记得,留最后一支舞给我。

30 年的准备，只为你

神啊！让我睡吧！

现在锡安会发音，在一片漆黑中，矮矮的小人顶着圆圆的大头，站在床上"妈妈、妈妈……"地不停呼喊。

我勉强起身，身旁的老公马上制止："你不要过去！让他去！"

　　锡安六月就要满两岁了，不要误会，我没有暗示大家要送礼物的意思。我只是想到，自己已经两年没有好好睡一觉了。

　　喔，是睡得心不安，不能沉睡是吗？

　　对啦！那样的状况也有。如果好心的家人或难得不出差的老公在家，我便可以多睡一会儿，但碰到喂药或其他只有我清楚如何应付锡安的状况，我还是得起床，睁着张不开的眯眯眼，处理完再去睡回笼觉。

　　回笼觉的质量，不用我多说，大家都知道……

◎ 神啊！让我睡吧！

我所谓"没有好好睡一觉"的状态，大概始于凌晨两三点，从尖叫声划破深夜寂静，一直到早上七八点，儿子终于不得不妥协地阖上双眼为止。

医生都开玩笑说，锡安适合搬到美加地区，因为他完全过着时差的生活。至于为什么他半夜不睡觉，众说纷纭。有的医生说是体内褪黑激素不够导致无法沉睡，有的则推断可能是因肉眼观察不到的发作使他惊醒。

可是我们几乎每天都出门去医院上康复课，一路上的太阳应该还算够，总不能晒到脱皮吧！如果真是发作，通常发作后的他会很疲倦，不太可能惊声尖叫。因此，锡安晚上不睡觉的答案跟治疗方法，没有医生说得出来。

我不是一个不能熬夜的人，事实上，我很喜欢熬夜。在夜里，啜点红酒，写写东西，幻想自己是海明威。可是如今非自愿式的熬夜，连灵感都累到跟我说"再见"。就算有的小灵感基于同情愿意出来陪陪我，久了之后，我也变得痴呆而无法响应，不得不与它们永远说再见。

面对这个本该诞生在北美洲的小男孩，医生和所有人都建议我不要理他，他自己玩累了就会睡着。问题是，在小小木床里，他不是玩到手脚被卡住拔不出来，就是啃木床磨牙到牙龈流血。这还不是更可怕的，他的绝招是在夜间进行"新陈代谢"。不知道是母子连心，还是臭臭通灵，我睡到一半会突然醒过来，混沌

135

30 年的准备，只为你

中往儿子屁股一摸，真的有软软一坨！

这种特异功能是否可以参加吉尼斯世界纪录？如果可以，我应能荣登金榜。总之，无论是呻吟或大哭，我眼睛都还睁不开就得冲去灭火，安抚结束，清理完毕，早已睡意全消。

现在锡安会发音，在一片漆黑中，矮矮的小人顶着圆圆的大头，站在床上"妈妈、妈妈……"地不停呼喊。我勉强起身，身旁的老公马上制止："你不要过去！让他去！"

"可是，他一直叫妈妈……"我不听劝阻，直奔火窟，完全就是不忍心到会摘月亮给孩子还说不好意思没摘到星星的娘。

可是这个浑小子，只有饿了讨奶和半夜睡不着才会喊娘。平时我教他说"妈妈"，他总是一脸茫然地看着我，似乎在想："你叫我'妈妈'，所以我的名字是'妈妈'吗？"

不睡觉又尖叫，自己玩太危险，我只能陪着他。他在游戏床里高兴得跳跳跳，我坐在沙发上困得很。他玩累了就想喝奶，偶尔喝完会有睡意，那我就幸运到可以去买彩票了。他通常是喝完更有精神，继续啃玩具。我瘫在沙发上眼冒金星，心中不禁呐喊："God! Let me die!"

◎ 神啊！让我睡吧！

以前看电影里拷问犯人，常有上刑具、鞭打、火烧等等，还有一种方式，就是不给睡。不让犯人睡觉？这样有用吗？我很怀疑。不痛不痒只是累，算是受刑吗？

现在我知道那种生不如死的感觉。若是可以倒下，我宁愿永远不必再睁开双眼。别担心，这绝对不是什么绝望还是想自残的念头，只有想睡又不能睡的人才明白我的痛苦。

长期睡眠不足，黑眼圈有如浑然天成的烟熏妆，朋友还惊喜地问我是用哪家品牌出的眼影，这么自然！整个人像是生活在梦境，脚踏云雾缥缈前行。听起来很浪漫，不过这场梦通常伴随强烈的偏头痛。

不只如此，芳龄三十出头，总像老奶奶似的记不起来自己下一步要去哪里，做什么。偶尔会做出不可思议的举动，例如：还没开离地下室车道就按下遥控，铁门差点直落车顶把自己吓醒；煮菜忘了加几匙盐，咸得要命再把自己惊醒。

先生总是出差，夜晚与白昼交互更替，却没有人和我轮流照顾儿子，我已经连续好几天都是只睡两个小时。妹妹于心不忍，决定伸手进行人道救援，下班后搭地铁又转公交车，花了一个多小时才到我家。

一看到她进家门，我抱着她呜呜哀号："妹妹，我好想睡觉啊！"

她拍拍我的肩膀，安慰地说："我回来了，我回来了……"

30年的准备，只为你

完全展现红十字会博爱助人的可贵精神。

搞得像是生离死别，小题大做。不过就是只睡了两小时，不过就是两年没好好睡过觉嘛！

这样的日子不知道还要多久，长夜漫漫，尖叫连连，唉，我还是早点去睡不要再写了。短短几个小时之后，黑夜比白天更美的大头男孩就要醒过来了。

神啊！让我睡吧！

爆肝阶段

> 我兴奋地问康复师,儿子什么时候才会走路,快了吧。
>
> 她却反问我:"妈妈,你确定要教他走路吗?"

晚上跟妹妹通电话,提到这个星期打算着手的文章,她惊呼:"拜托!这篇你到现在还没写?你半年前就跟我提过了耶!"

"真的吗?"我的惊吓程度比她更厉害,"怎么可能?我这星期才想到的啊!"

近来,我的记忆和体力大不如前,"追儿子"成为我最主要的工作,思考应该带他去哪里消耗精力,更是有助身心的脑力激荡。太阳赏脸,公园、小巷、大楼中庭都是锡安尽情徜徉、老妈气喘如牛的场所。阴雨绵绵,多谢各大附设地下停车场的超市,让锡安得以继续奔跑,偶尔拉下架上的锅铲增添打击乐的风情,

30 年的准备，只为你

训练身后随行的老妈不忘你丢我捡的美德。

在家里，自从学会从婴儿床里爬出来，锡安就再也不可能被困在任何一处，而是成为名副其实的"任我行"，偏偏他又不知危险，"任我行"等于"随处摔"。不是头上肿个包，就是身上的淤青多到他人以为是家暴。他走路只看目标不看路，所以不是踢到桌脚，就是踩到玩具滑倒，每小时哀叫一次已经算是很少的。

平面滑倒还算小事。有一天我在厨房准备晚餐，突然意识到，咦？怎么没有任何声音？没有玩具钢琴的"一闪一闪亮晶晶"，也没有锡安的尖叫或哈哈笑。一转头，我的天啊！我张口却叫不出声音，丢下锅铲，没关炉火，冲出厨房！

儿子爬上小板凳、小桌子，在桌上爬行、站立，然后奋力攀岩，居然爬到直立式的钢琴上！他颤颤巍巍地在钢琴上螃蟹般行走，目标是钢琴上方那架玩具铁琴。拿到铁琴之后，他往下看，不知道该怎么从钢琴上下来。对危险没有认知，又无法辨别高度的可畏，他决定直接往下踩！

就在锡安踩空那一刻，飞奔的我刚好接住他！肾上腺素让我暂时忘记疼痛的双臂，不敢想象如果我没赶上，他断的是脖子还是脚。我全身抖个不停，若是错过那一秒，现在大概已经在送儿子往急诊的路上吧！

◎ 爆肝阶段

不久之前，锡安学会自己站立。即使还站得不稳，我都兴奋地问康复师，儿子什么时候才会走路，快了吧。

她却反问我："妈妈，你确定要教他走路吗？"

我瞪大眼睛，这是什么问题？一切的努力不就是为了有一天他能够自己走路、不必搀扶吗？

老师带锡安好几年了，她解释："锡安的认知能力还没有很好，如果他有行动能力，对他来说很危险，对你来说更辛苦。"

她说，会这样问，是因为与我们熟识，她非常了解锡安的情形，也知道多半时间只有我一个人照顾小孩。

她提到之前有个男孩，大脑与心灵完全没跟上身体的进展，偏偏他又特别活泼，不喜欢被人牵着走，到处跑跳，迷路也不知道家在哪里。事实上，他连"迷路"是什么意思都不知道吧！只会走路，不懂得生活自理，更不会说话。

男孩的妈妈回到医院，筋疲力尽，忧伤地问老师有没有可能让儿子别再到处走？因为她比之前更累、更担心。

"锡安如果会走，就不可能不走了。你要不要等他认知能力发展出来，再训练他走路？"老师诚恳地建议。

教一个不懂得回家、不会说话的孩子走路，是的，很危险也很辛苦。老师说得没错，一天二十四小时只有锡安与我，我将更疲倦，更没有留给自己的时间。

我看着儿子，实习老师正在带他练习，在没有支架的情况

30 年的准备，只为你

下，从蹲姿自行站立。这一练就是二十分钟，他汗流浃背，即使哭了也不能休息。这么多无聊又痛苦的重复动作，不就是为了自由行走的那一天吗？

我不想压抑儿子可以发展出来的能力。他能够走到眼前的方向，拿到心爱的玩具，脸上的神情多么得意，我不愿剥夺他从行走中得到的乐趣。毕竟，他拥有的乐趣已经不多了。

"没关系，老师，"我说，带着壮士断腕的决心，"让他走吧！"

因此，我们来到了这个爆肝的阶段——这个连我上厕所都要牵着儿子的手，随时察看儿子是否在身边的阶段。我心神不宁，听到任何巨大声响，都会以为是儿子跌倒。我的疲惫早已超过文字可以形容的范围，每天至少得喝两杯黑咖啡，才能够撑住沉重的眼皮。

昨晚，我被自己上床睡觉的时间吓到，九点零六分！上一次九点多向床报到，大概是小学的时候吧！

但仔细想想，我其实还满享受这样的过程，因为自己终于能够跟其他妈妈一样，带锡安去公园玩，互相抱怨小孩爬上爬下好麻烦、跑来跑去追不上等等之类的事啊！

我的肝是爆了，但我的心好安慰，只要看到儿子眉开眼笑地向我走来，一切都很值得。

◎ 小小

小小

> 锡安,让妈妈告诉你一个小小的秘密,物体其实无法恒存。
>
> 但这一生,妈妈将尽我所能,鞠躬尽瘁,为你存在。

有人说过:"生命的意义,在于创造宇宙继起之生命。"

可惜说这话的人没当过妈妈,要不然他就能亲身体验生命中这些充满意义的时刻。

凌晨四点,"继起之生命"横趴在我的大腿上,他的身体与我的躯干形成完美的十字。三岁了,还不会擤鼻涕,也不会咳痰,鼻塞与鼻涕倒流惹得他整夜辗转。

仰睡吸不到空气,张嘴呼吸喉头又太干,鼻涕滴入喉头化成一股痰,每十分钟就一阵狂咳。他哭,眼睛还睁不开,睡意浓浓不得安眠,他气到踢脚狂哭,仿佛在吼:"我究竟什么时候才能

30 年的准备，只为你

好好睡一觉？"

三度把他抱起来拍痰，他趴在我腿上睡到口水滴湿床单。三度在他熟睡之后将他抱回小床上，顽固的鼻涕随即各就各位堵住气孔，每四分钟就挑起一回狂咳与大哭，非常准时。回到母子合体十字形，他就马上睡着，沉稳安好。

厚重的窗帘透出朦胧的夜光，远处传来几声狗吠。我好想睡，想睡到想哭。

我放弃实验的冲动，不想再练举重。儿子睡了就好，我不敢动他更不敢动自己。让儿子继续趴在双腿上，我把枕头堆起，推向床头柜，打算坐着睡。让我闭上眼睛吧！一下子也好。

不到五分钟我就醒了，因为下半身发麻刺痛。望着这块压在我身上、二十二公斤的"继起之生命"，短短胖胖，令我无法入眠、难以承受。

这么小，却是如此重。

重　逢

遇到以前的同事。我知道她还在那家公司，也风闻她升迁加薪。一个女人在商场应酬打拼，赶飞机、跑工厂，跟丈夫聚少离多，拨不出时间怀孕，交不到真心的朋友。

◎ 小小

这一切一切，只希望赚的钱可以让她在五十岁之前退休。

她也遇到以前的同事。不知道对方这几年跑哪儿去了，那个有企图、有梦想、敢跑敢冲的女人，完全销声匿迹。当她终于愿意重拾联系，她们去了那家两人都爱的小店，听她平静述说自己已过几年的生活："在家当了将近四年的全职妈妈……什么时候可以出来工作？我也不知道。"

老同事相聚，各人往不同的方向走。我笑她又买了新的GUCCI包，老实招供，这是今年买的第几个啦？她看我总是带着那个黑袋子，问我什么时候才会拿个像样的出场？

当年我们还年轻，同家公司的两个小助理，一个在上海，一个在新加坡。我们互吐苦水，抱怨外籍主管的不公、同事之间的斗争，更交换着彼此小小的梦想。她计划跟长跑多年的男友结婚，一起创业；我希望可以努力到拥有自己的办公室，也打算让家中的婴儿床有娃娃躺。

拿起手中的红酒，我们干杯。我说岁月不饶人，你要好好照顾身体，少飞一点，赶紧生个宝宝；她说你也要照顾自己，才能打理儿子，他一定会好起来的。

杯觥交错中，我们好似回到从前，小小的心，装着满满的梦想。

145

30 年的准备，只为你

冬 至

"锡安！"我唤他。他含着满口饭，不咀嚼不吞咽，不看我也不回应。

"锡安！"我大叫他的名字，握住他的手。他的手发冷，微微冒汗，嘴里的饭伴着口水，慢慢从嘴角流出来。

我叫得这么大声，他却动也不动。手上没戴表，我慌张地抬头，找到墙上的钟，开始计时。然后不出我所料，儿子的下巴开始抽搐了，小小的，但是我看得到。

我们又来到一个循环的终止。换新药，新药见效，癫痫不再发作；癫痫又开始微微发作，医生说或许是因为儿子的体重增加，那我们把剂量加高。剂量越调越高，癫痫却越来越严重。"医生，怎么会这样？""喔！妈妈，可能是因为你儿子的体内产生抗药机制，不要担心，我们还有其他的抗癫痫药。他现在吃三种药，其中两种维持不变，让我换掉这种或许已经没有作用的，再来试试另一种新药吧！"

于是新药成了旧药，希望转为失望。口服液、胶囊、粉剂、锭剂……实验不断地进行，四季不停地更替。

他们说冬天来了，代表春天就近了。那么我能不能住在没有冬天的热带国家？牺牲美丽的春花与秋叶，只剩永恒的夏天。

◎ 小小

都　在

　　把方巾盖在奶瓶上，把手帕盖在玩具上。"从小就教他'物体恒存'的概念。"老师说。

　　我的确从小就教，但对方不找，不在乎我夺去他喝到一半的奶瓶，或宝贝玩具凭空消失。我喊："在这里啊！把毛巾拿走，东西在下面喔！"他一副无动于衷的模样，仿佛觉得是你把它藏起来，你自己把它找出来！

　　直到那天，我抖开棉被打算要叠，锡安站在房间一角，很紧张地跑过来。小小的眼睛睁得又大又圆，急到嘴巴都嘟起来了。他冲到我身边，激动地把被子拉开，一见到我，"哈哈哈"大笑出来！

　　啊？我突然意会，你在玩躲猫猫吗？我把被子盖在头上，轻轻说："锡安，妈妈在哪里啊？"他原本转身要走，听到声音见不到人，他又慌了，扑过来用力拉开被子，顺便扯掉我几根头发。他一看到披头散发的妈妈抱着头痛得哀哀叫，他兴奋地叽哩呱啦不知道在说些什么，双颊涨红。

　　三岁多才开始玩躲猫猫，是不是有点晚？我躲着，等儿子来把窗帘扯开，把枕头推开，把毛巾拉开。他找到我，我抱住他，两个人开心尖叫。我扬声称赞他："哇！锡安好棒喔！你找到妈妈了啊！我等你好久咧！"

　　躺在我怀里，他咯咯笑个不停，眉宇间尽是得意。

30 年的准备，只为你

锡安，让妈妈告诉你一个小小的秘密，物体其实无法恒存。但这一生，妈妈将尽我所能，鞠躬尽瘁，为你存在。

◎ 天边一朵云

天边一朵云

> 有阵子，我觉得自己身心俱疲，好想放个长假，但锡安让我像陀螺般转不停。感叹自己这四年老了好多，体力越来越不行，更没有心力经营孩子以外的生活。
>
> W老师只给我两句话——吃美食、做运动！

晚上十点整，手机不寻常地响起。傍晚以后，找我的人多半打固定电话，毕竟一个妈妈带着小孩，晚餐时间能到哪去？饭后准备洗澡、吃药和就寝，夜游只能在梦中。宅妈又没客户商洽或同事闲聊，身边剩下的，都是知道我家用电话甚至身高、体重的亲朋好友。正纳闷着谁会在这时候打手机，一看显示名称闪啊闪的，我就笑了。

"嘿！老师好！"我精神抖擞地说。

不讳言，我一开始没打算找W老师上课，大家介绍的是L老师。但当我打电话到机构询问L老师的课程时，才发现她刚好离

30 年的准备，只为你

职，将由W老师接手锡安的案例。我有点失望，但更多的是挂心，我可不要费财费力但孩子却没学到应学的。

听我滔滔不绝地说着对课程与师资的期许，电话那头的W老师温和地建议："妈妈，你可以先带孩子来一下，让我看看孩子，你也看看我，看我是不是能够让你满意。"

老师连"看我是不是能够让你满意"这么客气的话都说出来了，我意识到自己过于心急，赶紧闭上嘴巴。四处打听的结果，发现W老师也很有名气，心想完蛋了，不知道我在电话里的态度会不会影响到孩子上课的机会。

见面那天，我尽量在W老师面前展现温和优雅的一面，有问必答。

这几年来，奔波于各大医院和机构的结果，让我可以从锡安出生第三天发现异常开始，一路讲到今日的状况，把所有用过的药一一列出，学过的早疗课程娓娓道来，以及锡安几岁站立几岁走路，几岁断奶几岁吃饭……W老师偶尔低头写笔记，多半的时间都仔细凝视我。在我一口气讲完之后，她问："谁帮你照顾小孩？是不是只有你一个人？"

我愣住。啊？有这么明显吗？

她缓缓地告诉我对孩子的看法和学习计划，然后说："锡安妈妈，你要放轻松，我们的孩子虽然看起来什么都

◎ 天边一朵云

不懂，但是很敏感。你紧张，孩子感觉得到喔！"

带锡安到各处上课也有几年的时间了，很少有人叫我放松。

听到我带孩子做五十遍功课，老师马上说不够，妈妈你应该带他做一百遍！随即转述王某某的妈妈每天带孩子练习五百多次；林某某的妈妈跟孩子在地上打滚四小时，只为了要他说一个字；张某某的妈妈握着孩子的手教细部动作，直到她自己得了关节炎。所以王某某、林某某、张某某从不会走到会走，从不会说到会说，从不会写到会写。

我明白老师的用心，生怕妈妈一偷懒，孩子就失去学习的黄金期。但橡皮筋拉久了本会失去弹性，这是物理，是亘古不变的真理。我觉得我永远都做不够，当我坐下吃喝，看着儿子起来玩耍，就会想到某妈妈正带着孩子奋斗，而她的孩子即将成为奇迹。于是儿子被我抓回来做练习，泪眼汪汪；半小时后我捧起冷掉的饭菜，食不知味。

我不知道什么叫放松。放松自己似乎等于放弃孩子，爱自己和爱孩子的界线非常模糊。

然而W老师身上有种潜移默化的轻松。她还是给我功课，但她把教具借我带回家，有几次甚至把手边多的或旧的教具直接送给我。她明白特殊儿的妈妈能有多疲累，就算是一点劳作也占据时间。省下买材料、动手做的工夫，我能够现学现教，每天带孩子练习自然多过五十遍。

151

30年的准备，只为你

她不勉强锡安学习，而是把学习融入锡安喜欢的事物中。做不来的先不强求，尽量以诱发而非逼迫的方式进行。

一堂课结束了，我看儿子开开心心，脸上没有泪痕，我不好意思却一定得问："老师，锡安今天有学到该学的吗？还是一直在玩？"

W老师说："当然有啊！他还是有挣扎和不配合的时候，这时就带他玩喜欢的游戏，让他满足一下，转移注意力，情绪过了再回来上课。"

有一次，锡安哭了一节课，整整一个小时，连他最喜欢的玩具都不拿，多次冲向大门执意要离开教室。老师又哄又抱又上课，就是不顺他的意。

我问老师："为什么今天不等孩子平复情绪呢？"老师边喘气边回答："今天他是闹脾气啊！不可以鼓励他闹脾气，所以该做的都要做完！"

我不知道每对学生和家长是否认同，但对儿子和我是受用的。W老师的放松是为了学习，不放松是为了管教，收放之间都带着判断与智慧。

上课前或下课后，W老师常问我最近好不好，先生这星期在不在家。对于我，她有种亲切感。后来才发现我俩是同乡，都来自中部小镇。我说原来如此，老师你讲话就

◎ 天边一朵云

是跟其他老师不一样！在北部成家立业已经快三十年了，她笑自己总是摆脱不掉原来的口音。

有阵子，我觉得自己身心俱疲，好想放个长假，但锡安让我像陀螺般转不停。感叹自己这四年老了好多，体力越来越不行，更没有心力经营孩子以外的生活。

W老师只给我两句话——吃美食、做运动！佳肴饱足肚腹，更满足心情；运动使人分泌脑内啡，使人放松，更有助睡眠。她告诉我，她经历婚变、为夫背债的那几年，每天清晨六点就去游泳，然后吃饭、上班，尽量使生活规律，虽然赚的钱连利息都不够还，她仍然要让自己好吃好睡，相信没什么过不去，而一切也就随着时间过去了。

那段日子她养成运动的习惯，不动就不舒服。儿子送她一辆白色的自行车，她为车取名"小白"，还开始练体力，计划何时能够骑"小白"游台湾。我看着她有如年轻少女般的苗条身材，笑着说："原来老师有练过，难怪你还抱得动锡安！"

"抱锡安也像在练举重啊！"她揉着儿子胖胖的肚子，调侃地答。

锡安不上W老师的课已有半年了。她从来不觉得学生应该一直上她的课，或进入到她所属的日托机构。她提供其他学校的信息，建议我到处比较，寻找最适合锡安的环境。

当我找到了学校，有点抱歉地跟她谈时，她一点也不介意，

30 年的准备，只为你

还提到新学校的某老师很有爱心，要我一定要为锡安争取到她的课程。是她让我们带着祝福离开，所以才能维持友好情谊。

电话那头传来W老师亲切的问候："嘿！锡安妈妈，你们在哪？这星期有没有回中部？"

原来，今天是她第一次独自骑自行车从北部一路回中部老家。她依照地图，自己规划行程，早上八点出发，走走停停，途中如遇优美风景，她就请路人帮她和"小白"拍照。累了就躺在路边的公交车亭小憩，饿了就到便利商店吃点东西，终于在下午四点抵达。

"老师，你办到了！恭喜恭喜！"

"哈哈！如果你这周末刚好也回来就好了，我想看看锡安啊！"

我笑W老师，在公园或海边踩踩自行车就好了，何需如此壮举？一个女人家这么骑车很危险啊！她说她会保护自己、照顾自己，而且孩子们都大了，单身的她要在生活中寻找乐趣，享受自由。

我想起最初见面时，曾经问过W老师为何要进特教这一行。

她感慨地回想："我以前是幼儿园老师。每一年，总会有一两个特殊的孩子坐在角落，他们不会跟班上的小朋

◎ 天边一朵云

友一起玩,来幼儿园是因家长不知如何照顾,只好让他们坐在学校打发时间。那个年代,特殊教育还不是很多人做,但我总是想着到底该怎么帮他们。他们不能就这样放空下去,总得教他们一点东西。所以我决定边工作边读书,进修读特教系,慢慢读,那几年读得很辛苦啊!但后来还是拿到文凭了。"

就这样。决定了就去做,做了便量力而为。放轻松不代表偷懒,不勉强不代表放弃。吃得饱睡得好,人生路崎岖难行,却不必痛哭流涕。

W老师约我,下次带锡安一起去找她,她要带我们到一个坐山望水的小餐厅,是她骑"小白"时发现的好地方。"你会喜欢的,锡安妈妈,那里有草坪,我们聊天,还可以看着锡安跑跑跳跳。"

挂上电话,我想象着青草地和艳阳天,天边飘来一朵云,柔柔的,提供遮蔽与阴凉;白白的,满是无私和安慰。

——献给吴碧云老师

30年的准备，只为你

麦子

> 老师环视在座的每一位，继续说："如果你们要孩子好，就要准备全部付出。虽然牺牲很多还不一定有收获，可是你不做，孩子连一点点进步都不用想了。"

牺 牲

"老师，一定要做到五十次吗？"

顺着声音望过去，一张陌生焦虑的脸孔，大概是最近才带孩子来上康复课的妈妈。

那个动作，是要孩子手拿玩具车，前后来回摩擦桌面，左右手各五十次。不久以前朋友才向我抱怨，儿子天天把玩具车在地板上拉来拉去，在桌上磨来磨去，听着那道"嗤嗤嘎嘎"的声音，她都快要疯了！殊不知，这是一岁左右的孩子该有的游戏与探索能力，是训练手指的精细

◎ 麦子

动作的。

我听了好生羡慕，劝她不要烦，这只是一个学习的过程，代表你儿子将来一定能够拿笔写字啊！

诸如此类别人的小孩能够自己发展出来的能力，我们却得硬逼孩子练习。

每天五十次，左右手或左右脚，加起来就要一百次。要是小孩哭闹，扭来扭去不耐烦或放空不专心，五十次就会像是五万次，怎么做都做不完。此类就孩子而言是成长关键的动作，对大人来说根本无聊至极，欲哭无泪。

朋友问我在忙什么，我不知道该怎么形容这个"重要的康复行为"："嗯……我现在正压住儿子的手，硬要他拿着玩具车在桌子上磨蹭……"

我心中蛮感激新来妈妈的提问，而我觉得其他妈妈也一样。听到这问题，大家都屏气凝神，偷偷感谢她问出自己心头的疑虑，也想听听平日威严的老师会如何回答。

为什么我们不敢问？其实老师心肠不坏，只是说话向来直肠子一路到底。我听过最糟的话是："你的孩子都这么烂了，你还一直抱着他，让他坐好！坐！"我看着那对父母，妈妈一脸要哭的样子，爸爸放下插着鼻胃管的儿子，努力把他撑起来。然而不管再怎么努力，儿子看起来只是换个姿势瘫在爸爸的怀中，类似坐着罢了。

30 年的准备，只为你

另一个妈妈跟我聊起这件事。老师绝对有权纠正父母，我们不会介意反而感激，因为我们极需指导。但为什么要用那样的字眼呢？我们都不敢想象，如果换成是自己的孩子被这么说，又会如何反应？是抱着孩子冲出去，还是打电话投诉？事实是，好不容易才找到名师，再难堪的对待都会硬着头皮撑下去。

妈妈们屏气凝神，聆听老师要说什么。我为新来的妈妈担心，希望她承受得住将要听到的话。

老师叹了口气，居然很平静："我做这行那么多年，看过很多孩子和妈妈，我告诉你们，孩子的进步都在于妈妈的牺牲。曾经有个妈妈从南部搬到协会附近，只有她跟孩子，先生在南部工作，她跟孩子租间小公寓，就这样每天到协会上课了三年，她告诉我：'我要用我的三年换孩子的三十年。'"

老师环视在座的每一位，继续说："如果你们要孩子好，就要准备全部付出。虽然牺牲很多还不一定有收获，可是你不做，孩子连一点点进步都不用想了。"

新来的妈妈低头没搭腔。老师从未说出如此接近"感性"的劝勉，我们在沉默中带着惊讶。开车回家的路上我一直在想，不知道那个孩子有没有进步，妈妈的牺牲有没有回报？自从成为锡安的妈妈，我对"一分耕耘，一分收

◎ 麦子

获"的信念已不存在，但我仍期盼牺牲会带来报偿。即使千万耕耘的收获只有0.01，都能令妈妈欣喜若狂。

手工艺的"墨菲定律"

从小我就害怕上家政和工艺课，绘画课更是要我的命。给我一张纸和一支笔，三十分钟内我可以给你一千字的文章，但请别叫我画素描。我笔下的香蕉和月亮分不清；橘子、苹果除了颜色不同，我再怎么用心画，它们都长得一样。我很喜欢艺术，也希望自己的作品能够真实且美好，可是无论我怎么努力，手中画的跟心里想的总是相距甚远。

印象很深，自己唯一得过高分的美术作品是在高中。那节课老师教的是创意，同学们可以天马行空各自发挥。我用层层报纸包住纸盒，老师必须把报纸一张张剥开，才能打开盒子。盒内有一张纸，说明我的创意理念及作品名称。

大概是包了太多层报纸，我还记得老师边撕边说："你选择了一种很冒险的表达方式，你最好祈祷我会喜欢。"我吓得手心冒汗，心想：早知道随便画个东西就好了。

等到他终于打开纸盒，里面的那张小纸片简单写着："老师，我的作品名称叫做'指纹'，就是你现在手上的黑轮。"

老师一声不吭，我的心跳都快停止了。他走出教室洗手，回到教室后，甩甩手上的水，瞪着我，酷酷地说："好！我喜

30年的准备，只为你

欢！"

那大概是我此生最接近"艺术家"的一刻。当然，我之后的画作再也没得到过老师的称赞，一如以往，教室后面的布告栏上从来没贴过我的画，海报比赛也没人找我参加。

随着锡安年纪增长，康复课需要的教具越来越多，认知能力的训练尤其需要教具辅助。政府对弱势儿童的照顾有限，教具没有补助，一套动辄上万新台币，若买得到，咬牙付钱也就算了，许多教学器材还是市面上买不到的。

妈妈们只好看着老师从国外带回来的教具，到文具店买类似的材质DIY。即使许多时候画虎不成反类犬，但只要做得差不多，就很好用了。

于是康复课突然变成美劳课，老师在课堂上示范教具的使用，指导妈妈们该如何制作。下星期我们就得带成品来给老师评鉴，并报告孩子练习时的反应。

曾经，我买了一般市面上售卖的布书，把上面的设计全部拆掉，一针一线缝上塑料球、金属片和绒布玩偶，只为了让孩子触摸书上的不同材质，被不同的触觉所刺激。

我自己串珠，做万花筒。切开塑料球、宝特瓶和铝罐，塞进玻璃珠、炒过的绿豆和路边捡来的石头，设计不同的听觉游戏。这些对幼教老师来说或许一点都不难的手

◎ 麦子

工,我常常做到心灰意冷,缝到手指起水泡。

可想而知,老师对我作品的评语通常是"妈妈你这样做不行""这个要回去重做",我听了超沮丧。可是老师并没有说错,我也认为自己手上的劳作又丑又歪七扭八的。学生时代的手工艺噩梦再现,再怎么用心我都会做错。"墨菲定律"不断重演,再怎么刻意避免,人生走了一大圈,我又回到美劳白痴的身份。

妹妹周末来我家,看到散成一桌一地的材料和针线。"你还好吧?你好像在做家庭女工?"

"我快疯了,你可不可以帮帮忙?"我语带哽咽,成功博取同情,手艺好的她帮我一起把教具做出来。那次,老师终于说了:"做得还不错。"我兴奋地打电话谢谢妹妹:"嘿!这是我人生第二次因为美术被称赞啊!你帮我克服了'墨菲定律'!"

巴西作家Paulo Coelho写过一则小故事,叫做《The piece of bread that fell wrong side up(掉错面的那片面包)》,大意是说,一个男人在吃早餐的时候,不小心把刚涂好奶油的那片面包掉在地上。他一看,沾到地板的居然是没涂奶油的那面,涂奶油的那一面则稳稳朝天,丝毫没被弄脏。

他很惊奇,大家看了也都极为惊讶,因为通常着地的都是涂奶油的那面啊!大伙争相走告,讨论为何这个男人这么幸运,他的面包如此特别,甚至有人说这是上天的指示,男人原来是个圣

30 年的准备，只为你

人！大家七嘴八舌，没有答案，他们决定一起去见村里最有智慧的长者，把这事告诉他。

长者听了，请大家给他一个晚上好好祈祷、思考，寻求灵感。隔天，所有人都挤到长者家里，急切地想知道他的结论。

长者清清喉咙，说："事实很简单。沾到地板的那一面其实还是对的，只是奶油被涂错面了！"

相信"墨菲定律"的人，永远相信错的、倒霉的那一面，即使好事临头，依然看不见祝福与恩典。每周做劳作已经快一年了，我不想说谎，我还是讨厌手工艺，而且这辈子应该都不会爱上它。但我试着接受它带来的挑战，训练自己思考，找出更多变通的方法：金属片不必硬缝上布书，我用魔术贴；厚纸板用丝质的布料包裹，就是色彩鲜艳又不会断的汽车滑行轨道。现在的我看空罐空盒的眼光大不同，总会想着老师教过这些只属于资源回收的废物该如何再利用。

"墨菲定律"的确存在，就活在相信的人里面。遇到越是憎恶害怕越是会发生的事物，我还是不免想起"墨菲定律"，但我宁愿选择另一种说法："在信的人，凡事都能。"

尽量相信每种环境都是有益，只要我愿意低头学习。

麦　子

我常想起麦子的比喻。

"一粒麦子不落在地里死了，仍旧是一粒；若是死了，就结出许多子粒来。"对麦子来说，死亡不是最终目的，埋葬在泥土里，颗粒破碎，破土而出，开花结果，更多子粒得以长出。

麦子落在地里，唯一的目的是将生命释放出来，它的死，是为了下一季低头饱满的麦穗。麦子若坚持它的完整，"仍旧是一粒"，就不会有四季循环的复活。

与麦子相对的作物是稗子，人称毒麦。稗子混生在麦田中，外观与麦子相似，却是有毒植物，不能食用，没有丝毫价值，甚至影响麦田的收成。

母爱是有限的。陪孩子到处做康复、上早疗课，我常觉得心情复杂。我愿意为他赴汤蹈火，吞忍那些我不愿意做的，但多半时候，我必须承认自己深感无奈。

所以我想起麦子与稗子。经过困境的破碎和磨碾，人长出的是什么？是咬牙死撑的痛苦，还是仇恨命运的尖锐？如果横竖都得牺牲，都得为了他人将自己置于死地，那我希望自己是一粒麦子，放弃的跟忍耐的，都将长出生命的价值。

30年的准备，只为你

甜东西

> 儿子，妈妈跟你说，这人生，没什么大不了的。再苦再倦的日子，我们还是可以找点甜东西来过过瘾。

自从锡安出生以来，我的生活突然充斥着各式各样难以理解的名词，畸形、自闭、迟缓、障碍、癫痫……种种形容，多半是关于儿子可能或正在面对的病症。刚开始听到这些刺耳的名词，我的心都像忘了继续跳动，发麻，然后渐渐往下沉。我的头脑一片空白，瞪大的双眼直视对面没有太多表情、训练有素的医护人员。

我点头说声"谢谢"，带锡安离开诊室，极想拔腿就跑，但我不能走，必须在门外等候药单和回诊单。

抱着锡安，坐在一排排或蓝或绿或橙的椅子上，我尽

◎ 甜东西

量胡思乱想。想着怎么每家医院的椅子都一样硬邦邦的,椅子颜色都好单调,缺乏美感。

我抬起头望着医院死白的墙,脸仰得高高的,把眼眶撑大,不让眼泪流下来。

那是刚开始的时候了。现在我会随身携带一本小册子,就算听到这些名词还是令我受不了,但我会赶紧深呼吸,记下医生口中的病名与形容。

上治疗课时,我反复模拟康复师的手势,以便在家能带孩子继续练习。我上网查数据,记录锡安的变化,下次回诊和上课,才能有更进一步的讨论。

最重要的是,我学会了去医院之前,先准备锡安最爱喝的果汁,葡萄、苹果或是黑枣口味。平常他只能喝水,要不然就是加水冲淡的果汁。这么一杯纯度百分百的甘霖,是受尽煎熬才能享受的奖赏。

在听了又一个恼人的诊断之后,我把锡安抱上他的汽车座椅,把果汁递给他。他一见到瓶中的液体不是透明,而是有颜色的,马上就知道这不是无聊的白开水!他眼睛一亮,两只肥肥的小手奋力往前伸,抢下我手中的水杯。

从医院回家的路上,经过麦当劳的"得来速",我偶尔会点一杯漂浮冰咖啡。苦苦的黑咖啡加上奶香浓郁的冰淇淋,又苦又甜的冰凉滋味,慰劳我在三十五度酷暑下来回奔波的疲惫。

# 30 年的准备，只为你

停在路边，我小口啜饮着咖啡，身旁的锡安啧啧地喝个痛快。坐在开着空调的车里，我们呼吸清凉的空气，喝着甜甜的东西，我突然想起妈妈。

小时候，妈妈偶尔会买一个鲜奶油蛋糕回家。我虽然很高兴有蛋糕可吃，却仍看着日历，不解地问："妈妈，今天没有人过生日啊！"

妈妈告诉我，她幼时家境贫困，全家七个人睡在五张榻榻米上。她每天走路上学，学校对面有家面包店，每次经过，她都故意放慢脚步，只为了要欣赏那一块块躺在温暖的灯光下、胖胖圆圆的面包。

橱窗里是另一个世界，即使只隔着一片薄薄的玻璃，她却从来不知道面包是给人买来吃的，以为那是供人欣赏的贵重物品。直到十五岁那年，她生了重病，外婆才头一次买吐司给妈妈吃。

嚼着那一片软绵细密的吐司，虽然只有一片，但舌尖缠绵的甜蜜滋味，让她忘了身上所有的疼痛。

从此以后，她成了热爱甜食的人，举凡蛋糕、饼干、面包，如果经济许可，她都要买一两块来尝尝。别人笑她爱吃甜，她义正辞严地为自己抗辩："日子太苦了，所以要吃点甜的，才能弥补那些苦日子！"

真是富有人生智慧的看法啊！我终于明白妈妈的意思

◎ 甜东西

了。

喝完咖啡，我转头看了锡安一眼，说："宝贝，我们出发啰！"他专注地吸着果汁，有时会"嗯"的回应一声，头也不转，眼珠子瞄了我一眼，大意可能是："娘，下一次可不可以带多一点果汁啊？"我放下手刹，脚踩油门，继续往下一个目标前进。

儿子，妈妈跟你说，这人生，没什么大不了的。再苦再倦的日子，我们还是可以找点甜东西来过过瘾。

只要能够在一起，你喝甜甜的果汁，我喝凉凉的咖啡，每天都是那么值得，每时每刻都是那么的畅快和甜美。I love you my sweetie! You are my something sweet!

笑

> 当我再度转头,却发现孩子和家长们都离开了,整间游戏室只剩下儿子、我,和安静飘扬的气球。

每个星期一,我都陪儿子坐在长凳上,等他的课开始。

上一堂是团体课,学生年龄介于八到十二岁之间。门一开,孩子们总是争先恐后地逃出来。即使心里着急,他们的身体却不听使唤,歪歪扭扭的步伐,每一步都踩在跌倒边缘。或许是被课程消耗掉太多体力,加上身心不协调导致的事倍功半,他们终究缓下脚步,目光呆滞,精神委靡地慢慢走。

只有女孩不是。

◎笑

女孩也走出来,同样步履蹒跚,像个漏电的机器人,行动僵硬,只能一步一脚印地往前。不像其他人垂头走着,她抬头挺胸,又大又圆的眼睛四处张望。她高,站在同龄学生中显得突兀;她瘦,同学们不经意的碰撞险些害她跌倒。但这些都不是她引人注目的原因。

她笑,像是小丑粉墨登场,一张嘴咧得那么开,似乎就要咧到耳朵上了。

我看不出女孩的确切年龄,她的身形跟着岁月往前,心智却任性停滞,是十岁或十五岁都已失去意义。白花花的日光灯映出她嘴角两旁的唾沫,到底是因开口笑而忘了吞咽,或是她本身就无法抑制口水?我只知道,她每个星期一都会向我儿子走来。

她看到儿子,心花怒放地盯着他笑。蹲下来,一张脸凑得那么近,不像在看,倒像要舔,我本能地挺起胸膛,挡在她和儿子中间。

两条垂在胸前的辫子,说明每天早上有人为她细心打理,冀望女孩就要有女孩的样子。

身上穿着的制服,代表女孩属于某个学校,上课下课,师长同侪,就如一般学子。但她那样走着、笑着、逼近着,来不及同情或体谅,我第一个也是唯一的反应,只有毛骨悚然。

她偏头看着儿子,嘿嘿嘿;儿子被她逗笑了,呵呵呵。两三个小孩嬉闹经过,女孩转移目标,眼神紧紧尾随他们,兴奋地尖

30 年的准备，只为你

叫。

我赶紧带儿子走进教室，关上门前，看见女孩独自站在长廊上，锁定下一个小男孩，又蹲在他面前笑起来。

男孩的眉、眼、鼻全都皱成一团，开始喊妈妈了。

※

有段时间，儿子是不会笑的。天花板是他最好的朋友，一望便是八小时。醒着如同睡了，醒了又是为何？缺乏情绪的高低起伏，我难以判断他的需要、体会他的存在。

那些日日夜夜，我俨然是个幸运的母亲。孩子夜半不哭，白昼不闹，除了进食与喂药，他不要求我多余的时间和精神。虽然儿子并非不孝只是不笑，但我是如此的心力交瘁。

夜里听着他沉稳的呼吸，我辗转难眠；白日随时悲从中来，不分场合地飙泪。

所幸眼泪会干，哭久了也会累。我开始带着儿子去医院做康复、上早疗课，从此进入特教体系。

老师鼓励我，孩子越是不懂得表达情绪，妈妈越要对他挤眉弄眼，经由观察大人的脸部神态，孩子的潜意识里将不断被灌输喜怒哀乐的观念。

◎笑

　　所以我不仅不哭，我还试着笑。避开儿子的面无表情，我盯着他黑亮瞳孔里那笑开的自己，告诉他："妈妈正在对你'笑'！"我微笑、窃笑、奸笑、放声大笑，千方百计想要引起他的注意。虽然多半时候都是对牛弹琴，但我不泄气，更不敢放弃。

　　至于那些不死心的微小希望，就医学而言的巨大妄想，我只能祷告。不求儿子聪明绝顶，甚至不求他能说话、写字，我只求他有天能够享受大笑的自由和畅快。

※

　　在儿童康复室里，我目睹孩子们为一个往前的步伐，接受数不清的魔鬼训练。看见有的孩子只有一只眼、一只手、一条腿，头惊人的大，耳朵卑微的小。纯真却痛苦的脸庞，未经世事便身心俱疲，他们的人生尚未真正开始，就失去了挥霍的权利。无需言语，他们的汗与泪都向我启示生命的无常与可贵。

　　尤其是他们的泪。我眉头深锁，太阳穴隐隐抽痛，那时而哀怨、时而雄伟的哀哭，不停试探着我因母爱而忍受的极限。

　　我偶尔会想起那个咧着嘴的女孩。儿子的课被调开，我没再见过她。她的笑，现在想来真是令人忘忧。

　　许久之后，借着早期疗育与药物调整，虽然步伐还不太稳，可儿子终究会走路了。他渐渐从混沌中醒来，重拾情绪，嘴型不

30 年的准备，只为你

再是直线一条，而是上弦下弦，他懂得了微笑和瘪嘴。

他的开怀带我冲上青天，天空湛蓝，每一朵云都是儿子的欢颜。连他的眼泪都好似秋雨，凉爽清新，滋润我干涸的心田。

可惜好景不长。

不同的课程有不同的老师，但他们却都同时发现儿子表达情绪的方式越来越强烈，担心他将来进入团体生活会被误解与排斥。

儿子常常欢欣鼓舞地旋转、拍手。过去压抑太久，如今尽情欢乐，有何不可？直到他的表现一次比一次脱轨。随时随地，像是想起一则笑话，或是被点到笑穴，他边笑边打转，路人总是莫名其妙地围着他看。孩童的幼嫩声音更是导火线。听到孩子笑，他大笑；听到孩子哭，他寻找声源，笑着扑在哭闹的孩子面前，就快要脸贴脸！

看到他爆发力十足的动作，对方哭得更大声了。

我"嘘"，要他小声。我摇他的肩膀，要把他从自己的极乐世界里晃出来。他都不懂，以为妈妈在逗他，笑声更为刺耳。无计可施的我只好捂他的嘴巴堵住声源，甚至用力捏他的肩膀，宁可惹他哭，也不让他持续狂笑尖叫。

我没有想过，笑也分为正常与畸形。我忘了向神备注，我的孩子不仅要笑，还要笑得正常，笑在可以被世人

◎ 笑

理解的范围内。不是你独乐，众人就会与你同乐，笑得不明就里，比不笑更为可悲。

然而人情世故里，各式各样可以被体会与容忍的笑，哪一个能比儿子的笑更为透明单纯？热恋中的情人打情骂俏，眉开眼笑，分手后却只剩下皮笑肉不笑的客套。职场里，面对上司的笑中带话，同事的笑里藏刀，有人练就一身嬉皮笑脸的功夫，有人总是一副似笑非笑的神秘模样。那些难以启齿的，就以一笑带过；那些尴尬无解的，只能啼笑皆非。笑的定义由此因人而异、因环境改迁。它不再只是欢乐的直接表达，反而隐藏太多意涵，背负太多故事，甚至是情绪压抑的变相表显，成为苦的、假的，与本意冲突矛盾。

四下无人的时候，我从不制止儿子，让他尽情地旋转跳跃。他的笑容是如此纯真无邪，人说他是激动也好，疯乱也罢，我享受他没有瑕疵、近乎癫狂的喜悦。

※

雨下个不停的星期六，母子俩在家闷到快发霉了，我决定带儿子去附近的室内游乐场。

假日，小小的游乐场里挤满了人，到处都是小孩的尖叫混杂着大人的怒斥。售票小姐年纪轻轻，脸上净是受不住噪音的厌烦，把票递给我时耳提面命，今天场内人数太多，两小时以后就

30 年的准备，只为你

得出场。

来到陌生的环境，儿子先是犹豫，不肯往前。我带他熟悉各样游乐器材，滑梯、球池、水床、滚轮，最后走进飞满大气球的游戏室。

天花板四边悬吊着四支大风扇，强劲的风势吹得气球上下弹跳，红、黄、蓝、绿，七彩气球在风中飞舞，孩子们的衣襟被吹起，有人惊声喊"躲球"，有人兴奋吼"接球"，听见高分贝的嬉闹，儿子整个人高昂起来，想要冲进游戏间。

我用力拉住他，这回轮到我犹豫了。

不久之前，儿子又在团体课中大肆转圈，亢奋情绪难以安抚。下课之后，老师留住我们。她翻阅儿子的记录本，一页又一页，从六个月到四岁的康复岁月在她指尖下快速流转。末了，她总结："从他最近的举动，我们怀疑他可能有'天使症候群'。得这种病的孩子不是很多，不过，我们好像收过这样的学生……"

我突然想起那朵不知人间疾苦的微笑。啊！不要！

但她也想起来了。"对了！我们这里曾经有个天使女孩！"她请那女孩的老师出来，向我进一步说明病患行为。咬着牙，我把话听完，然后道谢，抱起儿子转头就走。

◎ 笑

"发展迟缓，极少的语言表达甚至失语。移动时四肢颤动，平衡困难。举止异常，尤其是止不住地笑，重复拍手、旋转，注意力不集中，情绪容易被挑动……"

不！我的宝贝不是你们的天使！这失而复得的笑容不是一种病兆！

儿子挣脱了我的手，看到的不是气球。他冲到每个孩子跟前，对他们大笑；转着圈，对他们拍手尖叫。大孩子不再抢球，愣愣地盯着他；小孩子有些惧怕，躲到妈妈身后。我感到周围焦灼的注目、担忧的脸庞和听不清的细语。

我想解释，我的孩子不会说话，笑是他表达喜欢的方式。但我忙着抓住儿子，摇撼他的肩膀，要他安静下来注视我。我把他带到墙边，拿下几个气球给他玩。但没一会儿，听到孩子们的嬉笑，他又开始追着人跑，步伐歪扭险些跌倒，连带拍打到一个小女孩。

我急忙道歉，女孩的妈妈没说什么，默默把孩子带开。我连拉带扯，再度将儿子拖到角落进行唤醒仪式，说什么也不再让他乱跑。当我再度转头，却发现孩子和家长们都离开了，整间游戏室只剩下儿子、我，和安静飘扬的气球。

也好。我放开儿子的手，坐在家长等候区，让他一个人在里头尽情玩个够。

但少了其他孩子，他杵在角落，兴致缺缺，不大叫也不转圈

175

30年的准备，只为你

了。仰起头，他一个人呆呆地凝视着色彩鲜艳的气球。

"宝贝！"我叫他，喉头紧锁，声音有些粗嘎。

四台大风扇呼呼作响，他的头发都被吹乱了。靠着墙壁，他一脸若有所思，似乎在想其他小朋友都到哪儿去了。

"宝贝！"我清清喉咙，站起来，音调高昂地大喊。这次他听到了，眼神找到我，欢欣鼓舞地拍拍手。

"来！"我蹲下，敞开双臂。"来妈妈这里！"

他哈哈大笑，如春雷乍响，如阳光灿烂。漫天飞舞的气球中，他向我跑来，跌跌撞撞却满心欢喜，没有一点顾忌，不带一丝遗憾。

◎ 秒针

秒针

> 为了记录儿子每次的癫痫发作,从几秒到几分都得精准。
>
> 我在每个房间挂上规规矩矩、分毫不差的钟,我戴上了单调呆板、标榜计时功能的表。

自从开始照顾锡安,我脱下那些极具设计感却没有数字的表,就算有数字,只有分针的表也被淘汰。我拿下当年高价购得,由某位名师设计,毫无网格线,只有两支银针安静飘浮在黑色镜面上的钟。

因为它们都没有秒针。

我在每个房间挂上规规矩矩、分毫不差的钟,我戴上了单调呆板、标榜计时功能的表。

为了记录儿子每次的癫痫发作,从几秒到几分都得精准。他一倒下,我盯着手上的表,或四处搜寻墙上的钟,我一面抱着儿

30 年的准备，只为你

子，一面计时，秒针滴答滴答地转动，发作没有停，就得算下去。好让我每个月做张发作次数表，参考图表上的高低起伏，与医生讨论他的用药和病情的发展。

当了家庭主妇之后，我迷上跑步机。迷上一个人戴着耳机，在狂放的音乐中跑步飘汗，半小时也好，那是唯一可以只为着自己的时间。有时候，快跑不下去了，全身的肌肉都哀求我可以休息了，但我仍边喘气，边瞪着定时器。秒数一秒一秒地往上跳，鼓励自己，下一秒就可以休息，下一秒、再下一秒，可以继续，就不要放弃。

秒针一格一格地走，走过了就不回头。我用秒针记录自己的生活，用秒针数算儿子的病痛，看着秒针，告诉自己只要坚持，日子就会一格格地过。

以秒计日，时间变得漫长。滴答声，如此刺耳的响亮。

爱里，没有惧怕

> 当锡安的妈妈三年多，我学着不为明天忧虑，一天的难处一天当，不想太多，凡事往光明面看。

　　等了好久，妹妹终于要把她的"他"介绍给我。电话那头，听得出她有点害羞，有点紧张。我为她高兴，经过那几次她的伤心与她不得不伤别人的心，或许，只是或许，这个"他"能够永远让她开心。

　　约好时间、地点，结论是喝咖啡不吃午餐，我们挂上电话。我知道自己还有一个问题没说出口，即使我可以猜出妹妹的回答。

　　三十七度的炎热午后，我与GiGi有约，带锡安一起去Audrey的家坐坐。

30 年的准备,只为你

我与GiGi相识的时间虽短,却以惊人的速度熟稔起来;和Audrey则打过几次照面,却从来没机会细聊。

三个女人席地而坐,在Audrey的屋里边吹冷气边喝冰品,谈天说地。锡安又爬又走,不时兴奋尖叫。GiGi称赞他越走越好,比上次走得更稳了。锡安瞥见大家都在观察他,停下脚步,望着我们哈哈大笑,不断拍手。

"他在耍宝,这是他最近学会的动作。"我解释。原来如此,GiGi跟Audrey连忙称赞:"哇!你好厉害喔!"

锡安到处乱摸,冲到书柜前硬要抓下陶瓷摆饰,幸好我的功夫极高,马上以比闪电更快的速度遏止怪手。走到无聊,儿子居然伸出舌头,Audrey黑到透亮的钢琴硬是被他舔了一口。

"不好意思,不好意思……"我拿出手帕猛擦。解释锡安不是不愿意听指令,他是完全听不懂人话,我无法教他守规矩。Audrey大人大量,表示一切都可以让锡安尽情玩。"坏掉?再买新的就好了啊!"

Audrey在医疗体系任职,虽然我不愿才认识新朋友就马上讨帮忙,言谈中还是不免提及锡安的状况。她客观地说出想法,分享经验。末了,我抛出藏在心底已久的问题:"锡安将来有机会和正常小孩一起上学吗?还是得去特教学校?"

她以无比的温柔回答："我想，他以后得进特教学校。"随后解释混合班级的可能，但一切都要看锡安将来的发展。她劝我给锡安多一点时间，上早期疗育课程、发展语言能力。"我们多祷告，不要放弃。"

坐在一旁的GiGi安静地听我们说话。我望向她，她对我微笑，以同样无比的温柔。

我还是决定打电话给妹妹。

听了我的问题，她很不满意，几近愤怒："你为什么要把锡安藏起来？"

我说这不叫"藏"，不是每个人都能马上接受如此特殊的孩子，如果对方被吓到怎么办。我自己都花了好长一段时间才能接受，连锡安的爸爸到现在都还无法接受儿子的状况。

曾经有长辈介绍一位黄金单身汉给妹妹。可惜阴错阳差，当时是我扮演传递电话号码与交往意愿的中间人。黄金单身汉是个医生，从长辈那边耳闻锡安的情形。他很有礼貌地询问，我也尽可能提供简单概况。然而，直到现在我都不明白，自己是否说错话。

黄金单身汉问："主治医师有没有说过你孩子为什么会这样？"

迟钝如我竟然回答："他说有可能是几率，也有可能是基

30年的准备，只为你

因。"

从此，妹妹当上医生妻子的几率急降为零。不过她说她毫不稀罕，医生妻子这种梦想不在她的基因里。

无论我如何解释，如何建议等关系更稳定一点才让儿子露面，妹妹还是很固执："那你这样就是藏！锡安是我们家的一份子，要追我，就要接受锡安；如果他不能接受，我们就不必继续下去。反正你带他来就对了！"

当锡安的妈妈三年多，我学着不为明天忧虑，一天的难处一天当，不想太多，凡事往光明面看。

但我常常踏进一洼又一洼的恐惧中。锡安开始发病的初期，我不敢带他出门，怕任何人或事物都会刺激到他。当医生将报告递给我，指出儿子脑部的缺口永远不会再长出来时，巨大的忧虑从此展开。我东怕西怕，怕他一辈子不能行走、言语，无法谋生；我上网不断搜寻疗养院，因为不知道自己能陪他多久。有天我离开了，将来谁能全心全意地照顾他？

我回想，自己是怎么一步步走出恐惧的泥沼？怎么走出门？怎么再欢笑？怎么接受儿子将永远与病共存？怎么硬着心肠不搀扶，看他跌倒再自己站起来？我忘记是谁，是哪个场景了。但我记得那些怀抱的力量，在爱中的当头棒喝与义不容辞。还有，那些无比温柔的微笑与眼光。

爱里没有惧怕，完全的爱把惧怕除去。

我弯下身，把锡安的上衣扎进裤子里，白色POLO衫配格子裤。

"宝贝，你今天好帅喔，妈妈怎么能够生出这么可爱的大头啊？"

婴儿车上的锡安"咯咯"笑个不停。我看见妹妹在餐厅里向我挥手，她身旁有张腼腆的笑容。我笑了，也向她挥挥手。抬头挺胸，我推着锡安走进去。

30 年的准备，只为你

人生试金石之『试』

> 孩子属于弱势团体，我也在弱势的一环里，别人的漠视或排挤，我视为正常；善待我们的，都是神差派的天使，可遇不可求，得到了更不能强留。

这几年来，除了医院，锡安还到过不同的康复诊所和特教机构上课。

每个星期母子俩跨区跑两个县市、五处地方。他们说孩子的黄金成长期只到七岁，为了跟时间赛跑，奔波根本不算什么。只是偶尔开车开到头昏的时候，我会幻想自己是星妈，正带着比小彬彬更可爱的明星儿子赶场。

那家躲在巷子内的小小诊所，我每周必去两次，有一阵子甚至多达一周四次。那里有位名师坐镇，口耳相传，大家不远千里风闻而来。门口停满摩托车、轮椅和婴儿

◎ 人生试金石之"试"

车，大人、小孩的鞋子散成一地。

诊所旁边有一条狭长的死巷，长三辆车，宽一辆车，应是废弃楼房被拆毁而遗留的泥泞。开车的家长先到先停，一车接一车地停成长条型，若是后面的车要出来，前面的车得一台台开走，待后车离去再一台台倒车入库停进去。

三辆、最多四辆车的空间，通常是早上或下午第一堂课的家长才有机会停到。虽然离诊所一百米就有收费停车场，但父母多半能省则省，总是不死心地绕到诊所旁，看看还有没有车位。家有特殊儿，钱要花在刀刃上。舍得花钱请外佣照顾小孩，出手却不如贵妇，连半小时二十元的停车费也舍不得。

即使拥挤依旧，小小的诊所却越来越像样了。门前摆着鞋架和等候的长凳，那条狭窄的死巷铺上水泥，坑坑洼洼的泥地被填平之后，长度仍是四辆车，宽度却整整多了一倍，得以并排停车。即使后车要出仍得劳师动众，但是空位就在诊所旁，不仅免费更是就近，就诊的孩子行动不便，停车场离教室当然是越近越方便。因此，从前四辆车的位置，抢不到很正常；如今八辆车的容量，依旧成为家长厮杀的战场。

我的倒车技术并没有因这片窄小空间日益精进，不是快撞到墙，就是差点擦到另一排车，必须极度小心、手眼并用。不仅如此，我的耐心、爱心与同理心，也开始屡屡遭受考验。

如果当天只有一堂课，大家多半不希望停到最里头的位置。

185

30 年的准备，只为你

因为半小时后下课了，假使前面都停满了车，你还得麻烦其他家长移车。柜台小姐呼叫车主们，但不是每位都能马上配合，你必须等待，等前三个甚至四个车主都到齐，才能把车开出来。因此，明明后头空无一车，一或两辆车常常就这么堵在最前面，请他们往里面停，他们却说孩子的课只有半小时，待会儿就离开。但在那半小时中，为了他们的方便，没有一辆车可以停进去。如同公交车或火车上不肯往后移动的乘客，他们的理由都一样——我们快要下车了。

如此自私的车主顶多令我叹气，还不至于动怒。我没时间再向柜台小姐申诉，或请人往后移动让我停车，锡安的课比较要紧，我总是直接开进收费停车场，免得等人移车的时间会害儿子迟到。

令我火冒三丈的是，有的车主趁我正在移车给后车离开的空当，停入我原本的车位。后车出来，我正打算再后退，却从后视镜中看见一辆车抢先倒车入位。我气急败坏地摇下车窗，却看到对方已经停好车，正在搬移一位无法自己行走的小孩。

看到孩子，我口里的话顿时灼热下肚，说不出来。

多半时候，当你摇下车窗，无需开口，车主便有感觉，总会问一声："要离开了吗？还是要停进去？"理亏

◎ 人生试金石之"试"

的，无论脸带歉意或脸色难看，总会把车位让出。但就有一班人，对你的注目礼视若无睹，自顾自地停车、下车，面无表情，连看都不看你一眼。你的损失大不过他的苦难，他甚至不想知道你到底只是移车还是准备离开。

我从未跟他们理论，不是因为修养好，只是同为特殊儿的家长，我明白背扛孩子的辛苦，所以甘愿容忍。但难道身为弱势，就理当享有更多的谅解与礼让？失去对优势或同是弱势族群的同理心？

人不是神，没有无限的爱与忍耐。上天不公平，命运亏待你，你病了、残了、身无分文甚至无家可归，你值得同情，需要多一点帮助和安慰。但你的悲惨不是他人的负担，倒霉不是他人的过错，周遭伸出援手，你该心怀感恩，但不能觉得理所当然，进而予取予求。

对某些人来说，苦难能够成为他们的食物，滋养心灵，锻炼心志。对另一种人而言，苦难只让他们尝来是苦的，相处起来是难的。孩子属于弱势团体，我也在弱势的一环里，别人的漠视或排挤，我视为正常；善待我们的，都是神差派的天使，可遇不可求，得到了更不能强留。如果有一天，锡安长大到能够感知歧视，愤恨先天差异所造成的后天优劣，我会告诉儿子，你的认知能力足以感觉与分析，就代表你还有能力改变。放下那些无法重来的，转变你的心态，拥有尊严地活着，人必自重而后人重之。

30 年的准备，只为你

　　残酷以对的，你无需效法连你自己都看不起的族类；施予温暖的，你要拼了命地珍惜，万万不可挥霍他们的爱心。你的生命充满火烧的试炼，那是因为你是颗宝石，不要被粪土遮掩缠累，耐住性子，你要越磨越亮，越磨越刚强。

　　我也一直对自己这么说。

人生试金石之"金"

> 我庆幸自己曾被她打击,在挫折中学着不放弃,过程中更认识了她热烈的真我。

要进她的班很难,不仅因为常常额满,而且上课之前,孩子还必须先经过她的评估。课程进度不同,有些已经开课的课程,学生都已经跟着她一年半载,中途加入的孩子程度必须与同学相距不多,才能进班。但因为她一直在教课,能够腾出来做评估的时间少之又少,光是评估那十五分钟,我就等了整整半年。

后来我才知道,有的妈妈直接杀进诊所,带着孩子守在教室门口,在下课的空当把孩子带到她跟前快速说明孩子的状况。如果她认为程度跟得上,班级里也有空位,那就顺水推舟,马上进班。

30 年的准备，只为你

我太老实了，锡安因着他的傻妈比别人多等了六个月。

好不容易见到她，我其实很惊讶，名师多半上了年纪，而她一头及肩的黑亮直发、白皙的皮肤、明眸皓齿，看起来温柔婉约。我松了一口气。

越有名的医生或康复师，能够给予病人的时间越少。他们多半行色匆匆，有的近乎不耐烦。或许见识过太多奇特的病症、奇怪的父母，加上医院的行程紧凑，要负责的病童过多，他们没有闲暇问候或详细响应。

没想到，我根本不应该松了那口气，反而应该绷得更紧！

她抱着锡安，问了我锡安的病历和目前的进展，带他做了几个简单的测验后，随即宣布，今天刚好有一堂课适合他，十五分钟之后开始上课。

我什么都没有准备地坐在教室里，锡安在地上爬来爬去。几对母子、母女纷纷走进来，孩子们乖乖地在椅子上坐好，妈妈们掏出笔记本和圆珠笔，再从袋子里拿出一些颜色鲜艳、造型特异的纸盒。纸盒看起来大同小异，但是成品粗糙，显然是自己做的。

妈妈们向我微笑，其中有一位问："第一堂课啊？"我点点头。

◎ 人生试金石之"金"

她又问:"你没有带笔记本吗?"我摇摇头,她赶紧撕了一张纸给我,说:"这张纸给你写,你去跟柜台小姐借笔。老师最不喜欢我们上课没做笔记!"

我赶紧去柜台借了笔。回教室的时候,看见锡安在老师怀中扭来扭去,她尖声命令:"上课了!坐下!"

老师用力压住抗拒的锡安,两个人争得面红耳赤。感觉力不能胜,锡安哭了,只好乖乖地坐在位子上。她杏眼圆睁,严厉地说:"妈妈,上课就是要教他坐好,不可以让他乱跑,知道吗?"

看到她坚决的表情,我点点头。其实陪儿子上早疗课程也有一段时间了,老师们各有各的风格,有的不勉强孩子,席地而坐也可以;有的会先让孩子跑一跑,消耗精力,再要求他坐好。锡安听不懂指令,如果要他坐在椅子上,唯一的方法就是勉强他。

妈妈们拿出自己制作的手工作品和进度表,我才知道那是训练眼睛追视的色板盒,老师一一询问过去一星期练习的状况,写下注记。

我一手压住锡安,另一只手抄笔记,紧张得很,因为老师说话很快,儿子又动个不停,我不太知道自己听到什么。更糟的是,她说完之后,就要妈妈立刻带孩子练习一遍给她看。

其他妈妈习惯上课的节奏,很快跟上进度,举一反三。只有我,完全在状况外,手摆错部位,按摩不该挤压的地方,加上锡

191

30 年的准备，只为你

安开始不耐烦地尖叫，我更手足无措，只好神色慌张地问老师："可不可以再示范一次？我刚刚没有看清楚。"

她重重地叹了一口气，把锡安拉到身边，直接在他身上操作一次给我看："这样知不知道？"然后，她说了一句令我永生难忘的话："小孩状况都已经这么差了，你上课还不仔细看！"

每星期带锡安上一次她的课。头几个星期，我下了课总是边哭边开车回家。我不清楚自己到底是在哭儿子的可怜、我的辛苦，还是在哭老师的直接。她让我想起研究所时期的英国教授，一位白发苍苍、看似和蔼可亲的老太太。法国学制的评分由零到十，她竟然可以批出负二分的成绩，让我们知道自己的程度有多么低！她曾经把班上英国同学的考卷贴在黑板上，讽刺地说："写这篇文章的人不配称为英国人！还是回英国把英文读好，再来法国读研究所比较实际吧！"

她让我想起动不动就狂飙怒斥员工的老板、不愿意买产品又猛烈批评的客户，她是我噩梦的总和。

即使如此，好不容易才让锡安进了班，短时间内看不出成效，我不能打退堂鼓。介绍我认识这位名师的妈妈问起上课的情形，我问，老师讲话都是这样吗？她向我保证，老师是刀子嘴、豆腐心，相处久了，会发现心直口快

◎ 人生试金石之"金"

的她其实心地善良。

就这样,我吞下自己的不舒服,陪锡安上了整整两年的课。并不是为了见证她是否心地善良,而是在她的要求下,儿子注意力比较集中,上课也愿意守规矩坐好。

我渐渐发觉老师对特教领域的认真、对孩子们的爱心。不仅如此,我发现她的天性其实非常热情,只是闷在心里,不善于表达。当她真情流露时,我们这些在她门下受教多年、习惯她大呼小叫的妈妈们,全都受宠若惊,以为太阳打西边出来了。

有次,锡安感冒长达一个月,每次上课他都咳嗽。老师皱着眉头问我:"妈妈你有没有带他去看医生?到底有没有帮他拍痰?怎么拖这么久还在咳?"

我说:"有啊!只是他一直无法痊愈。"我心想,这是什么问题啊?儿子感冒,半夜没睡帮他拍痰的都是我,我怎么可能不带他去看医生?

下次上课前,老师突然塞了一个红白塑料袋给我,也没说话,我还以为她要我去丢垃圾。临走时,其他的妈妈和孩子都不在教室了,她淡淡地说:"如果锡安快感冒了,就在他喝的水里放几滴蜂胶。维生素是德国原装进口,跟同事团购的,我还剩下一瓶,小孩生病会传染给妈妈,你喝。"

她说完就走。留下我,抱着锡安坐在教室里,愣愣地握着塑料袋,连"谢谢"都忘了说,不敢相信刚才发生的事。

30 年的准备，只为你

她说话依然直接，常让我万箭穿心。每每有新的妈妈加入，我都可以感觉到她们想哭的冲动。只是日子一久，她说的话虽如千刀万剐，但我却从中听得出她的用心。她的确不懂修饰，但所陈列的都是事实，没有糖衣，没有安慰。她最常用的造句还是——孩子已经这个样子了，妈妈你还迟到，还没做笔记，还把孩子整天交给佣人带？她面对的母亲有些是蓝领，有些是贵妇，有的在夜市摆摊，有的是大学教授，但她对我们的要求从未因富贵贫贱而改变。

明白她的为人，我越来越喜欢她。她不凶的时候，根本就是个傻大姐，说话、动作都带点无厘头。有几次，她在课堂上讲起笑话，自说自笑，妈妈们面面相觑，不太知道她的笑点在哪里，我们也跟着笑，但笑点是她的笑话太冷，没有人听得懂。

她教我们自制教具，但她的作品是为了示范，并非真的给孩子使用，所以只是点到为止，经常歪歪扭扭。她要我们把她做出的教具带回家用，没有人要拿，只好自己找台阶下："好啦！你们自己回去做美美的好了！"

上她的课还是有压力的，但我学到很多照顾锡安的方法。她会介绍国内外相关书籍，帮我们团购。为了省时，她依照各人孩子的状况，告诉各个妈妈应读的章节。

◎ 人生试金石之"金"

　　从事特殊教育多年，无论是各县市政府的补助计划，还是帮孩子找幼儿园、特教学校，问她准没错。若是不知道答案，她会不嫌麻烦，打电话询问认识的妈妈或学生们。上过她课的人如过江之鲫，团结力量大，许多信息和建议便蜂拥而至。

　　两年以后，我为锡安找到合适的幼儿园，不再到处奔波上早疗课了。最后一堂课，她照常记下我们在家练习的进度，带锡安操作，并叮咛我进园后，应当如何与园长为锡安制订前六个月的目标。半小时很快就过去了，下一堂课的妈妈和孩子们已经在教室门口排排坐，她大声宣布："好！下课！"

　　一听见下课，锡安马上离开椅子，跑到门边。

　　我叫住儿子："锡安，怎么没有谢谢老师，跟老师说再见？"

　　锡安还不会说话，可是他把手臂举起来。短短肥肥的手掌，招财猫似的往前挥一挥，这是他的再见。

　　"老师，谢谢你。"我说。

　　她站在桌旁，低头收拾桌面，"嗯"一声算是回答。我迟疑了一秒，还是决定问她："老师，可以抱你一下吗？"

　　她抬起头来，突然哈哈大笑，什么话都没说，就用力地抱住我，还不小心踩到我的脚。她的拥抱出乎意外的结实，我很讶异。她的反应还是这么另类，我也笑了。

　　一上车，锡安不到五分钟就睡着了，可见上她的课有多累。

30年的准备，只为你

开车回家的路上，我想起儿子的进步与自己这些年的改变，想起老师说过的"狠"话、尖锐的声音和开怀的笑容。我庆幸自己曾被她打击，在挫折中学着不放弃，过程中更认识了她热烈的真我。

真金不怕火炼，时间总会显明真实；受得住试炼，必会璀璨如精金。

◎ 人生试金石之"石"

人生试金石之『石』

记录锡安的成长,是我学会勇敢的方式。

只有我走进光中,孩子才有可能不留在黑暗里。

起初开通博客,是为了让散居在海外各地的亲人了解锡安的情况。锡安出生之后,我上传照片,在旁边写些短文,分享初为人母的喜悦。之后,孩子的病症确诊,我伤痛欲绝,博客完全被摆在一旁。

大家陆续听说锡安的状况,非常担心我承受不住,纷纷借着电话、邮件关心我们母子。于是,我决定重新记录锡安与我的生活,为了自己可以不必一再口头叙述,更让所有爱护我们的亲友知悉进展。就这样,我断断续续书写了三年多的时间。

这三年多来,我结交了几位富有爱心、值得一生相知的文

30 年的准备，只为你

友，更认识了许多从未谋面，却有如家人般亲切的网友。

作为身障儿的母亲，我咬着牙从头学起，即使对孩子有再多的爱，我也必须克服心中对于残障或疾病的障碍。记录锡安的奋斗，是为了有一天他若真能明白母亲的文字，要珍惜这得来不易的生命，宝贝所有围绕着我们的亲朋好友。

经营这样一个小小的博客，偶尔还是会遇到负面的回应。因为一开始就不是为了讨人喜欢或出名，我并不在意博客是否被拥戴。在言论自由的社会中，若遇见批评就急着为自己辩解，必定没完没了。

然而只有一件事，我必须义无反顾，就是有人以"热心"为名，漠视弱势孩童及其家属的需要，以及实质或非实质的权益。

我认识一位女儿面容有残缺的母亲，她将女儿的照片放上博客，无论是全家出游或是校外教学，女孩的笑容都是那么灿烂，毫无掩饰。我惊奇，怎么会有一个心态这么健康的女孩呢？如果是我在她那样的年纪，必须承受那样的脸孔，我会如何反应？

一天，我和那位母亲坐在康复室外一起等小孩下课，聊起我的惊叹。

她感慨地回想，当初把女儿的照片摆上去，有位不认

◎ 人生试金石之"石"

识的"热心人士"（奇怪，好像都是不认识的人有意见）在博客留言，问她怎么敢把这种照片公布，难道不怕造成女儿的压力？让女儿承受他人异样的眼光，将来可能会产生后遗症喔！

"你怎么回答？"我问她。

她笑着说："我很凶啦！我回复那位热心人士，为什么我不能把女儿的照片放在博客？为什么我不能像其他妈妈一样，分享孩子的笑容，分享我作为母亲的喜悦？只是因为我的女儿脸上有缺陷吗？你才是那个'异样眼光'，你才是那个'压力来源'！"

听到她这么说，我希望自己有她一半的勇敢，带着锡安抬头挺胸地行走在这充满不了解状况却又以热心为由再次伤害弱势孩童的人群中。

我不清楚这些"热心人士"的孩子曾带给他们多少冲击。不知道他们有没有扛过十岁了却不会走路，只会流口水的男孩。不知道他们怎样面对一个不会说话，只会在地上打滚尖叫一整天，一定要累到极点才会安静的女孩。或许他们对病痛最糟的体验，是孩子高烧三天不退；对疲惫最累的想象，是孩子整夜不睡又尿湿了整张床。

我不愿轻看也不羡慕他人的情况，因为各人都有各人的难处。但当你丝毫不了解身障家庭的生活，就别莫名其妙地高谈阔论，不要以为我们的孩子没办法表达，身为母亲的也要听你说

199

30年的准备，只为你

教。你何尝懂得我们长期面对慢性病患的辛苦，或是面临孩子插管、抽血，做尽成人都受不了的检查却找不出病因的煎熬。你可曾在我们需要帮助时伸出援手？可曾在我们的孩子住院时捧上一碗鸡汤？

我们曾经绝望，曾经躲藏，然后自己慢慢站起来，再带着孩子渐渐走出来。只有喜乐、自信的父母，才能给予孩子稳定成长的环境。"热心"的你，又曾陪伴我们走过哪一段？

发表意见的人信誓旦旦，说他可以了解我们的处境，因为身旁的人曾有"类似"的经验。他们对我记录锡安的成长感到不以为然，以为这样的书写只是将孩子的状况暴露在众人眼中，使他成为茶余饭后的闲聊话题。

在身心障碍的范围里，"类似"相当难以定义，有些患者甚至背负着两三种不同的病症，更何况还有些病是找不出原因的，如同我的锡安。

身心障碍者也是人，也有高低起伏、酸甜苦辣，与所有的一般人相同。他们和他们的家属，也必须面对许多困难，不仅是心理和经济上的压力，还有外界不公平的眼光。即使如此，我并不以为隐藏病况、回避外人的评论，就能促使一个人心态健康，活在没有压力的状态中。

我曾经听说过几位身障儿的妈妈，每个月都会找一个

◎ 人生试金石之"石"

星期六下午,打扮得漂漂亮亮,一起去五星级饭店喝下午茶。有人听到了,不可思议地说:"你们的小孩不是很需要照顾吗?他们康复课的费用不是很贵吗?做妈妈的,怎么还敢把小孩留给别人带,自己跑去饭店花钱喝下午茶?"

所以身障儿的妈妈只能蓬头垢面,苦情悲诉命运不公吗?喝下午茶的妈妈那么多,她们的孩子在哪里呢?补习费已经很贵了,怎么还能够去五星级饭店消费呢?

有几位陪孩子在同一家医院康复了许多年进而相识的父母,假日都会相约出游。好几次,大伙儿还推着轮椅,带孩子们一起去唱歌。他们无视于店里其他客人异样的眼光,也不管KTV里员工不满的神情。当我知道这件事,想起那种画面,哈哈大笑,问:"小孩高兴吗?"

"当然高兴!他们都不给爸爸妈妈唱,我们只好重复点一些童谣啊!"其中一位妈妈边笑边抱怨。

弱势团体身后的痛苦和眼泪,没有经历过的人绝对无法体会。他们以自己得以抒发的方式,合理不放纵,能够说出口、写下来、走出去,已经是多么不容易的事。

记录锡安的成长,是我学会勇敢的方式;见证他从无到有的历程,更坚定了我陪孩子奋斗、永不放弃的信心。我不认为自己书写的内容是为了让我的孩子将来难堪。我不觉得自己的孩子见不了光,就如同为人父母在网络上公开自己白皙婴孩的照片。我

30 年的准备，只为你

不怕别人茶余饭后想起锡安，每个人都必须努力过日子，但若还有人能够在茶余饭后的时间给予我们关怀，为我们祷告，那是一种何等的祝福！

我想对所有身障儿的家属说，不管他人如何基于"热心"发表任何高见，不要接受不公平的对待，不要躲起来。

只有你走进光中，孩子才有可能不留在黑暗里。那如巨石压顶的病痛折磨，我们不都接招承受了？这些没有爱心的响钹鸣锣，没有行为、只有言语的噪音，不必听，就把它们当作路上硬要跳进我们鞋里的碎石吧！你可以脱下鞋，往地上敲一敲，让它们回归属于它们的尘土，再穿上鞋，光明喜乐地继续带着我们的宝贝大步往前去！

妈妈，千千万万遍

> 病痛有如一头兽，平常潜伏在体内，然而它一旦被挑起，即使只是小感冒，被唤醒的兽都会狡猾敏捷地"举一反三"。

她一直在叫"妈妈"。

窄窄的病房里排着三张床。淡橘色的拉帘隔开三个病人、三种病情、三段不一样的人生，却隔不开声音。

我没有仔细看过她，只在护士把帘子拉开时匆匆一瞥。一看就知道是个养不大的孩子，或者说即使养大了，却还是长不大。

我听到隔壁床的叹息，明白那种不能抗议的无奈，虽然女孩不是故意的，与她同房的我们却得承受睡不着的痛苦。

女孩只有睡觉时不说话，但她睡得又少，每天凌晨三点，她就起来叫"妈妈"。每隔三五秒，最长十五秒，她就会叫："妈

30 年的准备，只为你

妈。"

　　趁女孩离开病房去做检查的空当，我问护士："她一直都是这样吗？锡安因为她都没办法好好睡，我们能不能换病房？""H1N1加上肠病毒，病床都满了。她的状况没人控制得了。"护士抱歉地说，"锡安妈妈，请你多忍耐吧！"

　　十八岁，还包着尿布。主治医师带着一群实习医生，浩浩荡荡地巡房。我侧耳倾听实习医生的简短报告，不解着，起因明明是很轻微的病症啊，怎么会演变成住院呢？又听女孩的妈妈轻轻抱怨："孩子恢复得好慢啊！"实习医生没接话，主治医师才开口说："这样的孩子原本抵抗力就比一般人差。生病初期又不会表达自己的不舒服，等到家人由肉眼可以观察出异样，病情多半较为严重，疗程因此比较耗时。"

　　我突然领会，资本主义原来存在于各种范围，包括病痛。富者越富，贫者越贫；强壮者百毒多半不侵，体弱者则是疾病欢聚的天堂。有病的人就更容易生病，不正常的身体使恶疾更加肆虐。

　　我曾被提醒：何必神经兮兮，一点小病就带锡安去看医生，别把小孩当温室花朵养！没养过这种小孩的父母绝对不晓得，病痛有如一头兽，平常潜伏在体内，然而它一

◎ 妈妈，千千万万遍

旦被挑起，即使只是小感冒，被唤醒的兽都会狡猾敏捷地"举一反三"，小咳嗽转为支气管炎，轻微发烧变成癫痫抽筋，一病迭一病，令人完全难以招架。

病房很安静，只有点滴器偶尔发出"哗哗"声，当然还有那同样节奏、粗嘎嗓音的"妈妈"。锡安睡不沉，扭来扭去，我轻轻拍着他的背，哄他睡觉。

女孩唤妈妈，她的妈妈每十次才回一声，有时候问"怎么了"，有时候说"妈妈就在这里啦"，而女儿一本初衷，"妈妈"是她不变的呼唤。

我推算，如果女孩每十秒说一次，一个小时三百六十次，扣掉八小时睡觉时间，一年要叫两百多万次的"妈妈"。不知道她几岁学会说话，如果是从五岁开始，那么十八岁的她已经唤了将近两千多万次的"妈妈"。这么说来，女孩这辈子喊"妈妈"到上亿遍都不稀奇啊！我有点感慨却也羡慕地想，她的妈妈真有福气。

"这种小孩，还是不会说话比较好喔！"锡安的外婆来医院看外孙，也领教到女孩叫妈妈的执著。

我瞪大眼睛，不可思议地看着她："妈，你怎么可以这么说？如果有天锡安会讲话，会叫我妈妈，即使像她这样，我还是会很开心很开心啊！"

"可是她一直吵到别人啊！她妈妈看起来也很不好意思。"

30 年的准备，
只为你

锡安的外婆被女儿晓以大义，自觉理亏，但她还是得为自己的发言辩护一下。

女孩刚被推出去做检查。坐在轮椅上，她或许不知道检查是X光还是抽血，却意识到大事不妙，急忙抗议。虽然内容应该是"我不想做检查"或"我要继续躺在床上"，但她尖叫嘶吼着一连串自己唯一能够使用的词汇——"妈、妈、妈、妈……"

经过时，女孩的妈妈给了我们一个抱歉的微笑。

"那如果锡安有天会喊你'阿嬷'，可是像女孩这样叫不停，人家用很臭的脸看你们，你要怎么办？"

我出了个难题，锡安的外婆超级苦恼。她低头思考了一会儿，还是没有答案，决定耍赖："哎哟！你不要说我外孙以后会跟她一样咧！"

"我知道你会怎么说。"我胸有成竹。锡安的外婆很好奇："我会怎么说？"

"你会说：'我外孙叫我阿嬷，是我的心肝宝贝啊！你要是不喜欢，就去撞墙啦！'"

妈妈一直笑，说她怎么有可能叫人家去撞墙？这才不是她的风格呢！我也笑个不停，笑到眼泪都飙出来了。

或许是心中累积的忧虑太久太多，滚着闷着，居然熬成了一股笑气。母女俩狂笑却又不敢笑出声来，压低声

◎ 妈妈，千千万万遍

音憋住气。"嘘！"妈妈说，"你不要笑啦！我外孙刚刚才睡着！"说完我们又莫名其妙地笑了。

躺在床上的锡安似乎听到外婆和妈妈的笑声，翻来覆去，我忍住笑意，赶紧拍拍儿子的肩膀，哄着说："趁现在赶快睡，叫'妈妈'千遍也不厌倦的姐姐，等一下就要回来了啊！"

30年的准备，只为你

站在九楼阳台上的女人

她站上九楼的阳台，抱着儿子，想要体会重力加速度的快感。总结心中所有的问题，其实不是愤怒或悲伤，是恐惧。

这一切，得从那一个站在九楼阳台上的女人说起。

那个女人不怕丈夫变心。她对一个月在家不到一星期的丈夫说："如果你外面有人，我们和平分手、好聚好散。人都会变，不能强求永远。不爱了，我绝对成全，只是拜托你千万不要强留我帮你烧菜洗衣，为你维持一个家的假象。"

那个女人不怕负债贷款。丈夫婚前欠下庞大的卡债，婚后她才发现。"没关系，我们还年轻，"她对愧疚的丈夫说，"虽然兼职时身体会累一点，接到银行的电话脸皮得厚一点，只要有能力和体力，不怕还不起，只是时间问题。"

那个女人有很多不怕。她相信爱，相信忍耐，相信时间可以冲淡任何眼泪、羞辱和不快。

但是那个下午，站在阳台上，望着襁褓中的婴儿，她怕，怕极了。

那时候，离确诊已经快满一年。她每天喂儿子吃药却不见起色，发作不但没有减轻还在增加，几乎每两个月就得住院一回，她心中呐喊着："医院不是我的家！"那时候，即使她伤痛依旧，但从时间上来说，她应该走出最难以承受的初期，必须开始过日子。更何况，安慰的话也有说尽的时候，每个人都有自己的现实要面对，她不能继续沉沦在情绪中，那将造成别人的负担，因为同情也是有极限的。

她开始跑医院，但儿子的病情每况愈下，不仅脑有问题，皮肤也有病变。她持续喂药，才发现不仅平常喂癫痫药辛苦，喂安眠药更痛苦。

每一个检查，其实只要儿子乖乖躺下就好，不一定得处于睡眠状态。但他听不懂别人的话，不愿配合，检查人员决定喂他喝安眠药。

她不肯。儿子一天吃三次药，一次吃三至四种药，他的肝肾负荷量这么重，还要喝安眠药？她让儿子喝奶，希望喝饱后会有睡意。他的确睡着了，却只是浅眠，动来动去，还伸手去扯身上

30 年的准备，只为你

的仪器。

检查人员有点不悦，抱怨他们浪费时间，坚持要孩子熟睡时才做检查，她只好妥协，接下安眠药。

眼看隔壁大概七岁的小男孩，喝下药的时候五官全皱在一起。她心想大势不妙，果然儿子尝了第一滴药就涨红脸，号啕大哭。

她一手稳住药杯和滴管，趁儿子张嘴的空当把药灌下去。儿子扭头，挥手又踢脚，哭得太用力了，连药都呛了出来。

儿子终于睡着了，二十分钟的检查顺利完成，但他却没有醒。一小时、两小时过去了，医生开始担心，儿子被移到急诊室的儿童病床，身上连接更多的仪器来监测生命迹象。

六个小时以后，儿子终于醒来。"虚惊一场。"护士安慰她。她僵硬地撇了撇嘴角算是笑，心里担忧着将来还要面对多少次必备安眠药的检查。

她带儿子尝试各式疗法，如脚底按摩、熬药还有针灸。尤其是针灸，手脚针根本不算什么，头皮针、眼针……儿子好像一只胖胖的小刺猬。疗程需要一个小时，儿子哭到声音都哑了还能尖叫，她抱着儿子边唱歌边晃，绕着诊室走，怎么哄都没有用。那就让他哭吧！以为他会因为哭累了而睡着，可惜没有。

他声嘶力竭地干吼，小小的身躯藏着无穷力量，扭动得太厉害，手脚上的针都被他踹掉，只好重新扎针，又是一阵激烈的哀号。

儿子刺耳的哭闹回荡在诊室。她板起脸，故意忽略旁人深锁的眉头。

有次，一位好心的中年妇女走到她身边，拍拍她的手臂，一字一字大声且缓慢地说："小——姐，你——儿——子——在——哭——啊！"

中年妇女大概以为这位母亲是聋哑人士，听不到自己孩子的哭声，才会面无表情，放任儿子哭到快休克的状态。

她知道这些都不算什么，儿子活着已经很好了，应该负起母亲的责任，但她总不由自主地想放弃。她知道长期不在家的丈夫是为了赚钱养家，但养育这样的孩子，该怎么以"男主外、女主内"来分配？她难以言喻地孤单。

她知道大家都关心他们母子俩，但每个人都有自己手中的事要忙，她多么希望自己手中的事不叫"锡安"。她觉得自己可以成就更美好、更荣耀的事，但她被困在"锡安"上，而"锡安"被困在无奈的基因巨轮中，她根本无力对抗，只能跟着被卷进去。

所以，她站上九楼的阳台，抱着儿子，想要体会重力加速度的快感。总结心中所有的问题，其实不是愤怒或悲伤，是恐惧。

30 年的准备，只为你

　　她怕孩子这一生就这样荒废了；怕还有接踵而至的悲惨；怕她若有一天先走，谁能照顾孩子；怕所有的不测风云和旦夕祸福，从此都降临在孩子与她身上。

　　儿子在她怀中沉沉睡着。风很大，她抱紧儿子，儿子吸了吸鼻子，似乎想打喷嚏，却因为睡得太熟决定作罢。天上没有一道光出现，安慰她绝望的心房；身旁也没有蝴蝶飞过，提醒她生命的意义。她看着儿子皱起鼻尖的模样，突然转念，不想跳了。

　　然后那天晚上，她写下离开学生时代后的第一篇文章，成为她博客的序。

　　我常想，若我不是妈妈，我会不会读自己写的文章？答案是不会。生活已经够难了，我宁愿读点娱乐性高的作品。

　　我问自己，若是我有正常的孩子，会不会以母亲的心态读呢？答案也是不会。我会去读关于亲子教养的书籍，学习如何去做个杰出或放轻松的父母。奔波于工作和家庭，在时间不够分配的情况下，阅读的投资报酬率必须以实用性来衡量。

　　然而你们看了，还写信、寄书、寄卡片给我，与我分享自己切身的经历，客气地提供就医数据，还注明自己不是诈骗集团。

◎ 站在九楼阳台上的女人

有的妈妈要女儿站在摄影机前,又唱又跳,录了二十分钟的《手指谣》送给锡安,只因为相信孩子间正面互动的能量。

有的读者上网帮忙找资料,读到任何与癫痫或罕病相关的讯息,总会转寄给我。

谢谢你们,对从未谋面的我们如此用心和付出。即使锡安没有任何足以被称赞的才能,连一般孩子应有的功能皆无,我还是谢谢你们无论如何总是说:"锡安好可爱!"

那个站在九楼的女人,抱着孩子回到屋内,关上落地窗,再也不去想纵身一跃的解脱。她面对最深的绝望和恐惧,心理治疗似的宣泄,没有预期,没有计划,有时候甚至没有标点符号,苦了那些读她的人。

在写作中,她发现生存的宝贵、困境中仍有恩典和安慰;发现其他努力奋斗的孩子和越挫越勇的妈妈;还发现世上仍有一小群人,愿意体念与己身无关的苦难,雪中送炭。

你们的存在与鼓励,不仅是读者与作者的互动,更是可以助我重生的力量。谢谢你们,愿你们平安、喜乐。

30年的准备，只为你

【后记一】我亲爱的宝贝

我亲爱的宝贝：

你要我为这本书写些感触，因我一路伴着你走过来。我曾一再地拒绝，并非怕自己才识浅薄，只因怕回想到你所遭遇的点滴，有如掀开尚未愈合的伤口，我会不舍到无法自已。

若有人问我，女儿近五年的日子是怎么过的？我会毫不迟疑地回答，是以血汗、泪水、苦闷、忧惧、孤独与疲惫交织的生命丝线，一针一线细细缝织而成。

自从你怀了锡安开始，总为着远在国外工作的丈夫忧心，为配合他的时间，你牺牲睡眠，在深夜中以长途电话与他联系。怀孕的你从未安心熟睡，想必腹中的锡安也同心同命吧！分离两地的相思虽苦，但你总以为苦尽就甘来了。

◎【后记一】我亲爱的宝贝

经过两夜的折腾,你产下可爱男婴,取名锡安,意即"做个得胜者"。从此展开你一个人奔往"得胜"的路程,那是千辛万苦、无止境更看不到愿景的路程。你无法回到过往的生活,就如桌上这杯葡萄酒,无法还原成葡萄串,你只能奋力地往前走。

心碎的历程就此开始。你总是靠在我肩上,哭着说:"妈,我生了一个不健康的小孩。"那哭泣至今犹萦在耳,泪水从你美丽的双眼流出,我领悟何为柔肠寸断、心如刀割。唯有紧紧抱着你的双臂,陪你一同祷告,将所有的委屈告诉神。

锡安第一次住院,我赶到医院探望。眼见你和锡安一大一小,挤在一张挂满仪器的病床上,锡安的小手小脚插着针。每想到此画面总让我泪流满腮,我总抑住不哭出声音来,怕你为我忧心。之后的住院治疗及一家又一家大医院的寻医、复诊,花费的精神与金钱不堪计算。从你眼里,我看不到初为人母的喜悦和满足,只见你哭肿的双眼和焦虑。如此悲惨的生活,你独自扛起,而那位承诺要与你白头到老的同林鸟,只偶尔出现在你和孩子身边。后来我们才明白,当时他早已飞向另一座林院了。

可是,锡安的状况没因你的努力好转,没有一个医生看好他,确定他将来能走路或说话。每看一次诊,你就掉一次泪,但还得振作精神,继续寻求相关科别,再挂诊,再咨询,再行动,再出发,你没有气馁和自怜的权利,没有空闲去思考人生待你公不公平。你总是与时间赛跑,唯恐失去了治疗的黄金期,会耽误

30 年的准备，只为你

孩子发展的每一秒。而我只能以老迈的身躯，偶尔轮班看顾锡安，让你回家梳洗或歇息片刻。望着病床上的外孙，我向神恳求，让我的外孙起身，用他的小脚丫跑着扑向我，喊我一声外婆！

当你为儿子倾倒一切心力，你可知我多么不舍？自幼你聪慧过人、体贴孝顺、美丽大方，我以生你为傲。怎会在出嫁后得受这些苦？怎么无人愿意分担你的重担？女儿独自背负千万斤重的十字架，我好不甘心。你常会内疚地告诉我，培育你受那么高的教育，未有多少反哺，却带给我许多担忧。但我却庆幸你年轻时行万里路，读万卷书，洞悉万事象，成就了你的悟性与勇于面对事实的勇气，我心欣慰，了无遗憾。

一年一年过去，你比从前更坚强。你不喊苦也不喊累，不求人同情，不去思考脸庞滑落的是泪珠还是汗水，更不敢去想象明天是否会更好。难字不好写，难关不好过，虽天天难过但也得天天过。你拖着儿子不顾一切地往前冲，不再哭泣，也不逃避锡安的状况。

而你等候的那人，总以千奇百怪的理由不回家，你孤零零地带着锡安生活，因此开辟了"锡安与我"这片园地，盼望能在医疗领域上得到更多交流，并无私地分享信息与自己的生活。

◎【后记一】我亲爱的宝贝

在属于自己的小小天空里,人们看见你的祷告或怨怼,感受到从天而来的眷顾和安慰。你道出锡安与你的朝朝暮暮,锡安一日三次的药瓶药罐、寻医旅程,还有锡安以各式各样的肢体语言作为与你的响应。

他皱着眉头吃药,令人爱怜;他举世无敌的悦耳笑声,如同啜饮一口咖啡配上蛋糕那般甜美;他第一次自己拿汤匙吃饭,咀嚼的可爱模样让我看了都要流口水。

字字句句里,我们陪着锡安长大,仿佛触摸到你的笑与泪滴,读你的人无不心疼,更是为你们向上苍祈求祝福。在博客上,你遇见了鼓励你的天使们,真要谢谢他们的不离不弃,伴你和锡安直到如今。

想必神听到了众人的祷告,锡安在三岁时终于会走路了,现在甚至能跑能跳,打碎了"终生瘫痪"的诊断。

他的行走,是你的心力交瘁所换来的,原本应当举家欢腾,但走呀走的,你竟带着锡安,遍体鳞伤地回到了我们身边!我心中虽有万般心疼和愤怒,罢了,世间自有公道,我和爸爸的双臂为你与锡安展开,房里的棉被永远是暖和干净的。宝贝,回来就好,你们回来就好。

锡安就快满五岁了,虽仍有漫长的治疗和康复在前头等着你们,想必那些折磨再也击不倒你,再多的惊吓也打不垮你了。

过去的年月里,我不得不对你另眼相看,你有如金子越炼

30 年的准备，只为你

越亮、越烧越纯净，你已跃过种种障碍，妈妈何等安慰。今后，不再是你和锡安孤单度日，拭去你脸上的泪痕，展开自信的笑靥，迈开脚步踏上全新的人生，朝着得胜的方向，那里有你该得的奖赏。

看吧！这些年来以血汗、泪水、苦闷、忧惧、孤独与疲惫交织的生命丝线，虽似乱象迷蒙，翻开这画布的正面，细看之下，竟是一幅最完美灿烂的图画。

让我们再次彼此提醒，最恶劣的境遇已携手走过，拥抱的感觉如此温暖又踏实。让我们再说一次，锡安是上天赐予我们家最棒的礼物，他是咱们家的宝贝，就像你是我的心肝宝贝一样。有你、有锡安，妈妈今生不枉然。

女儿，辛苦了，妈妈爱你，直到那日。

爱你的妈妈

【后记二】待续

第一次带他回家见父母。他从遥远的地方飞来,我到机场接他,一路上与他沙盘推演该讲与不该讲的话、行为举止应当如何才算得体。下车后,他赶紧到邻近百货公司的男厕里换上正式的衣服,紧张得像个小男孩。

晚餐中,大家相谈甚欢。我想,爸爸妈妈对他还算满意吧!结束后,他帮忙收拾餐桌,为要讨未来丈母娘的欢心。我看着他和妈妈笑着、聊着,不知道在说些什么。

他只在台湾停留三天便离开了,我们都觉得这第一次的会面还算成功,我也没听见爸妈对他有负面的印象。

几个星期之后的一个晚上,妈妈把我叫到跟前,语重心长地说:"女儿,不是我要浇冷水,但是你知道他家人的情

30 年的准备，只为你

况吗？若是你决定要跟他在一起，你们的孩子可能没事，可能也有风险，你要不要再考虑看看？"

我其实不知道他家人的状况，听妈妈这么说，我的脑中一片空白。

八个月之后，我们结婚了。做出与他一同生活的决定，不是因为优良的基因、无病的遗传，而是因为爱。然而，前头有更长的路要走，我们的爱，即将被许多的试炼来经过。

这是我成为锡安的妈妈之后，第一次提笔写下的短文，也成了博客的自序。

一个又一个的试炼来了又去，去了再来，这次剩下的，只有锡安与我。

出版社联络上我时，正是我人生最低潮的阶段。那阵子，想起所经历的，我常常悲极生笑，觉得自己根本有如家庭伦理大悲剧中的女主角。我带着儿子搬家迁徙，重新为他找医院、学校；自己四处面试，应征工作，从头开始过着单亲妈妈的生活。每一步，都痛彻心扉。

因此那个充满欢乐的下午，显得弥足珍贵。和主编通过电话后，妈妈正在洗手间，我猛敲门，表示有急事相告，她要我在门外说就好。我不肯，一定要面对面正式告

◎【后记二】待续

诉她。等到妈妈一开门,我冲进去,宣布即将出书的好消息,母女俩在马桶旁兴奋地抱满怀,妈妈泪流不止地说:"女儿,你一定会否极泰来,一定会的……"

我抱着她,也哭,边哭边问:"妈,你刚刚上厕所洗手了没啊?"

她破涕为笑,嗔我刚刚就这么冲进去,害她来不及洗。等她洗好手,我们又哭又笑地再抱一回。

试炼经过,我们懦弱、胆怯,甚至倒下,人生难免。但至少,让我们对自己和他人诚实,对所当做的,尽力而为。陪伴锡安的过程,我忧郁、愤怒。但我也从儿子身上深切明白,活着就有转机,小于性命的事都没什么大不了,哭一场、骂一架、倒头大睡一顿,让时间带走那些过不去的。黑夜白昼轮替,万物如此滋长;欢笑泪水交织,生命因此成熟。

这几年的写作收获超乎我意料。起初我连标点符号都来不及找,只埋头打字,想发泄什么就写什么,大悲大愤,管不了别人怎么想。写着写着,我察觉比我们辛苦的人实在太多了,想为儿子,也为同样状况的孩子们留下些什么,于是我开始打起标点符号,为了让世人看见他们奋斗的片段。写着写着,我结识许多辛苦的母亲、关怀弱势群体的朋友。那些善待我们的,我满心感激;偶有路见不平,我义愤填膺。笔调起伏之大,让主编纯玲适应不来,怎么上一秒像月亮般婉约温柔,下一秒如侠女满天飞地

30年的准备，只为你

猛烈炮轰？这居然还是同一个人写的文章？

写着写着，原是医生口中终生无法行走的儿子，从爬到站，再到向我走来，让我在有生之年见证了第一个奇迹。

我曾问主编，特殊儿的生活不被归类于正统的亲子教养丛书；而锡安尚未成就完美的结局，更没有人敢保证我们这一出戏能否圆满收场，一切待续的故事似乎够不上感人励志，这书，该怎么卖？修稿工作逼得我不得不回顾这几年与锡安的历程，像是在读别人的故事，我时而胸口发闷，时而激动掉泪，忘了自己曾经如何带儿子走过那一段岁月。

感谢造物主奇妙的带领，在这个时期把出书的工作赐给我，好提醒我，只要愿意，没有什么伤痛走不过去，求生的意志能胜过最残酷的苦难。而即使完美结局无从得知，待续本身就是一种祝福、一个机会，只要人生还没有走到尽头，就有逆转局势的希望。

末了，我要把这本小书献给我的父母。没有他们毫无保留的付出，我无从得知何为爱，更无法承担锡安妈妈的重责。

谢谢他们山高海深的爱，在我当初伤心写出"自序"时支持我，如今孤单写下"待续"时陪伴我。爸爸妈妈，我爱你们。